高职高专项目导向系列教材

高聚物合成技术

张立新　主编

化学工业出版社
·北京·

本教材主要内容分为五个学习情境。学习情境一重点阐述了高聚物合成的基本理论知识、典型生产过程及高聚物合成主要岗位的工作任务；学习情境二～学习情境五，共选择了 13 种典型合成产品，以产品的生产过程为主线，阐述了每种产品的性能、用途及岗位生产技术等。

本教材题材新颖，实践操作性强，注重学生实践技能的培养与训练，体现了以任务驱动、项目导向的"教、学、做"一体化的教学改革模式，实现了课程内容与国家职业标准相衔接，可作为高职高专化工技术、高分子材料应用技术和高聚物生产技术专业以及相关专业的教材，也可供从事高聚物合成生产的工程技术人员参阅。

图书在版编目（CIP）数据

高聚物合成技术/张立新主编 . —北京：化学工业出版社，2012.7（2020.9 重印）
高职高专项目导向系列教材
ISBN 978-7-122-14522-2

Ⅰ.①高…　Ⅱ.①张…　Ⅲ.①高聚物-合成-生产工艺-高等职业教育-教材　Ⅳ.①TQ316

中国版本图书馆 CIP 数据核字（2012）第 127210 号

责任编辑：窦　臻　　　　　　　　　　　　文字编辑：樊家铃
责任校对：王素芹　　　　　　　　　　　　装帧设计：刘丽华

出版发行：化学工业出版社（北京市东城区青年湖南街 13 号　邮政编码 100011）
印　　装：北京虎彩文化传播有限公司
787mm×1092mm　1/16　印张 7½　字数 172 千字　2020 年 9 月北京第 1 版第 3 次印刷

购书咨询：010-64518888　　　　　　　　售后服务：010-64518899
网　　址：http://www.cip.com.cn
凡购买本书，如有缺损质量问题，本社销售中心负责调换。

定　　价：28.00 元

编 委 会

序

辽宁石化职业技术学院是于 2002 年经辽宁省政府审批，辽宁省教育厅与中国石油锦州石化公司联合创办的与石化产业紧密对接的独立高职院校，2010 年被确定为首批"国家骨干高职立项建设学校"。多年来，学院深入探索教育教学改革，不断创新人才培养模式。

2007 年，以于雷教授《高等职业教育工学结合人才培养模式理论与实践》报告为引领，学院正式启动工学结合教学改革，评选出 10 名工学结合教学改革能手，奠定了项目化教材建设的人才基础。

2008 年，制定 7 个专业工学结合人才培养方案，确立 21 门工学结合改革课程，建设 13 门特色校本教材，完成了项目化教材建设的初步探索。

2009 年，伴随辽宁省示范校建设，依托校企合作体制机制优势，多元化投资建成特色产学研实训基地，提供了项目化教材内容实施的环境保障。

2010 年，以戴士弘教授《高职课程的能力本位项目化改造》报告为切入点，广大教师进一步解放思想、更新观念，全面进行项目化课程改造，确立了项目化教材建设的指导理念。

2011 年，围绕国家骨干校建设，学院聘请李学锋教授对教师系统培训"基于工作过程系统化的高职课程开发理论"，校企专家共同构建工学结合课程体系，骨干校各重点建设专业分别形成了符合各自实际、突出各自特色的人才培养模式，并全面开展专业核心课程和带动课程的项目导向教材建设工作。

学院整体规划建设的"项目导向系列教材"包括骨干校 5 个重点建设专业（石油化工生产技术、炼油技术、化工设备维修技术、生产过程自动化技术、工业分析与检验）的专业标准与课程标准，以及 52 门课程的项目导向教材。该系列教材体现了当前高等职业教育先进的教育理念，具体体现在以下几点：

在整体设计上，摒弃了学科本位的学术理论中心设计，采用了社会本位的岗位工作任务流程中心设计，保证了教材的职业性；

在内容编排上，以对行业、企业、岗位的调研为基础，以对职业岗位群的责任、任务、工作流程分析为依据，以实际操作的工作任务为载体组织内容，增加了社会需要的新工艺、新技术、新规范、新理念，保证了教材的实用性；

在教学实施上，以学生的能力发展为本位，以实训条件和网络课程资源为手段，融教、学、做为一体，实现了基础理论、职业素质、操作能力同步，保证了教材的有效性；

在课堂评价上，着重过程性评价，弱化终结性评价，把评价作为提升再学习效能的反馈工具，保证了教材的科学性。

目前，该系列校本教材经过校内应用已收到了满意的教学效果，并已应用到企业员工培训工作中，受到了企业工程技术人员的高度评价，希望能够正式出版。根据他们的建议及实际使用效果，学院组织任课教师、企业专家和出版社编辑，对教材内容和形式再次进行了论证、修改和完善，予以整体立项出版，既是对我院几年来教育教学改革成果的一次总结，也希望能够对兄弟院校的教学改革和行业企业的员工培训有所助益。

感谢长期以来关心和支持我院教育教学改革的各位专家与同仁，感谢全体教职员工的辛勤工作，感谢化学工业出版社的大力支持。欢迎大家对我们的教学改革和本次出版的系列教材提出宝贵意见，以便持续改进。

辽宁石化职业技术学院　院长　铎建春

2012 年春于锦州

前言

　　本书的编写主要是为了适应高职以任务驱动、项目导向的"教、学、做"一体化的教学改革趋势，整合"高聚物合成工艺"、"高分子合成实训"、"装置仿真实训"等相关课程的学习内容，重新构成"高聚物合成技术"课程。以典型产品（如聚乙烯、聚丙烯、顺丁橡胶等）为导向，根据聚合工岗位（群）职业能力的要求，采用"小型生产进课堂"、"大型生产进工厂"的真实工作任务，整个学习过程知识和能力训练安排体现渐进性，实现任务由模拟到真实的岗位推进过程；突出教学在校内教学工厂与校外实习基地真实工厂交替进行，过程考核与职业技能鉴定标准相融通的模式。本教材以教学任务的形式编写，每一个任务是一个独立的模块，实际教学中可以灵活安排。

　　本书按照生产任务、任务分析、必备知识、任务实施、归纳总结、综合评价、趣味项目、任务拓展等项目化课程体例格式编写，表现形式多样化，做到了图文并茂、直观易读。

　　本书学习情境一、学习情境二、学习情境三（任务二）由辽宁石化职业技术学院张立新编写；学习情境三（任务一）、学习情境四、学习情境五由辽宁石化职业技术学院石红锦编写；全书由张立新统稿。

　　本书在编写过程中，得到了锦州石化公司很多工程技术人员的大力支持，在此表示感谢！

　　由于编者的水平有限，难免存在疏漏和不妥之处，敬请大家批评指正。

编者

2012 年 4 月

目 录

高聚物合成技术的基础知识

任务一 知识回顾——聚合反应机理

一、概述

1. 高聚物的基本概念及特点

高聚物是高分子化合物的简称，是由成千上万个原子通过共价键连接而成的相对分子质量高于 1×10^4 的长链大分子。与小分子化合物相比而言，高聚物具有相对分子质量大（$10^4 \sim 10^6$）、分子链长（$10^{-7} \sim 10^{-5}$ m）及相对分子质量具有多分散性的特点。

高聚物主要用作材料使用，材料的基本要求是强度，高聚物的强度与其相对分子质量密切相关。高聚物的许多优异性能如拉伸强度、抗冲击强度、断裂伸长率等都源于其相对分子质量大的原因，因此，高聚物的相对分子质量是决定高聚物使用性能的重要指标。一些常见高聚物的相对分子质量见表 1-1。

表 1-1 常见高聚物的相对分子质量

塑料相对分子质量/$\times 10^4$	纤维相对分子质量/$\times 10^4$	橡胶相对分子质量/$\times 10^4$
高密度聚乙烯 6～30	涤纶 1.8～2.3	天然橡胶 20～40
聚氯乙烯 5～15	锦纶(尼龙-66) 1.2～1.8	丁苯橡胶 15～20
聚苯乙烯 10～30	腈纶 5～8	顺丁橡胶 25～30
聚碳酸酯 2～6	维尼纶 6～7.5	氯丁橡胶 10～12

2. 高聚物的分类

随着高聚物合成工业的不断发展及新聚合反应技术的不断涌现，高聚物的种类日益繁多，人们逐渐对高聚物进行系统化的分类。

聚合物可采用不同的方法进行分类。例如，按来源可分为天然高分子、合成高分子、改性高分子；按用途可分为塑料、橡胶、纤维、涂料、黏合剂、离子交换树脂等，其中前三种称为三大合成材料；按组成高聚物高分子链的几何形状可分为线型高分子、支链型高分子、交联型高分子；按聚集态结构可分为无定形高聚物、结晶高聚物和液晶态高聚物等；按高分子主链结构可分为碳链高聚物、杂链高聚物、元素有机高聚物、无机高聚物。

（1）碳链高聚物 大分子主链上完全由碳原子组成的高聚物。绝大部分的烯类和二烯类聚合物均属于此类，如聚乙烯、聚丙烯、聚氯乙烯、聚苯乙烯、聚甲基丙烯酸甲酯等。

（2）杂链高聚物 大分子主链上除碳原子外，还含有硅、氧、氮、硫、磷等杂原子的高聚物，如聚甲醛、聚酯、聚酰胺、聚氨酯、聚醚等。

（3）元素有机高聚物 大分子主链上由硅、铝、硼、氧、氮、硫、磷等原子组成而没有碳原子，但侧基却由有机基团如甲基、乙烯基、芳基等组成的高聚物，如聚硅氧烷、聚钛氧烷等。

（4）无机高聚物　大分子主链上和侧基均无碳原子的高聚物，如聚二硫化硅、聚二氟磷氮等。

3. 高聚物的形成反应

由低分子单体合成高聚物的反应称为聚合反应。聚合反应有多种类型，可以从不同的角度进行分类，常见的有以下两种分类方法。

（1）按单体和聚合物组成与结构的变化分类

① 加聚反应　单体通过加成聚合形成高聚物的反应称为加聚反应，其产物称作加聚物。加聚物结构单元的元素组成与其单体完全相同，仅仅是电子结构有所变化。因此，加聚物的相对分子质量是单体相对分子质量的整数倍。

绝大多数烯类高聚物或碳链高聚物都是通过加聚反应合成的，例如聚氯乙烯、聚苯乙烯等

$$n\,CH_2 = CH \longrightarrow \left[CH_2 - CH \right]_n$$
$$\quad\quad | \quad\quad\quad\quad\quad\quad |$$
$$\quad\quad X \quad\quad\quad\quad\quad\quad X$$

② 缩聚反应　缩聚反应是含有官能团的单体经过多次缩合形成高聚物的反应。在聚合过程中，除形成聚合物外，同时还有水、醇、氨或氯化氢等低分子副产物产生，其产物称为缩聚物。因此，缩聚物的结构单元要比单体少若干原子，其相对分子质量不再是单体相对分子质量的整数倍，但能保留官能团的结构特征。

大部分杂链高聚物是通过缩聚反应合成的，例如聚酯、聚酰胺等。

$$n\,H_2N(CH_2)_6NH_2 + n\,HOOC(CH_2)_4COOH \longrightarrow$$
$$H \left[HN(CH_2)_6NHOC(CH_2)_4CO \right]_n OH + (2n-1)H_2O$$

③ 开环聚合反应　环状单体 σ 键断裂而后聚合成线型高聚物的反应称为开环聚合。在聚合过程中，无低分子副产物产生，结构单元的元素组成与其单体基本相同。

能进行开环聚合反应的环状单体多数是杂环高聚物，例如环氧乙烷开环聚合生成聚环氧乙烷，己内酰胺开环聚合成聚己内酰胺（尼龙-6）等

$$n \begin{array}{c} O \quad\quad H \\ \| \quad\quad | \\ C - N \\ \diagdown\quad\diagup \end{array} \longrightarrow \left[NH - (CH_2)_5 - CO \right]_n$$

目前，还有异构化聚合、氢转移聚合、成环聚合等多种聚合反应。

（2）按聚合反应机理分类

① 连锁聚合反应　连锁聚合反应是单体经引发形成活性中心，再与单体加成聚合形成高聚物的化学反应。根据活性种的不同，可分为自由基型聚合反应、离子型聚合反应和配位聚合反应。

连锁聚合反应的特点是聚合过程可分为链引发、链增长、链终止等基元反应，各步反应速率和活化能相差很大；大分子在瞬间内形成，以后相对分子质量不随时间变化；聚合体系由单体、高聚物和微量引发剂组成，单体转化率随时间的延长而增加；反应过程中不能分离出中间产物；反应一般是不可逆的。

② 逐步聚合反应　逐步聚合反应是单体之间很快反应形成二聚体、三聚体……再逐步形成高聚物的化学反应。根据参加反应的单体不同，可分为缩聚反应、开环逐步聚合反应和逐步加聚反应。

逐步聚合反应的特点是产物的相对分子质量随时间的延长而增加；反应初期单体转化率

大；每一步的反应速率和活化能基本相同；聚合体系由单体和相对分子质量递增的中间产物所组成，且能分离出中间产物；反应通常是可逆的。

二、自由基型聚合反应

自由基型聚合反应是连锁聚合反应中最重要、最典型的一种聚合反应，工业上有60％以上的高聚物合成产品，都是遵循自由基聚合的机理进行合成反应的，如低密度聚乙烯、聚氯乙烯、聚苯乙烯、聚甲基丙烯酸甲酯、聚丙烯腈、丁苯橡胶、丁腈橡胶、ABS 树脂等。

1. 自由基型聚合反应及分类

自由基型聚合反应是指单体在光、热、辐射或引发剂作用下，使单体分子活化为活性自由基，再与单体分子连锁聚合形成高聚物的聚合反应。

自由基型聚合反应通常按参加反应的单体种类数可分为均聚合和共聚合两种。

只有一种单体参加的反应称为均聚反应，如低密度聚乙烯、聚氯乙烯、聚甲基丙烯酸甲酯等

$$n CH_2{=}CH \longrightarrow \underset{\text{Cl}}{\Big[CH_2{-}CH\Big]_n}$$

由两种或两种以上单体参加的反应称为共聚反应，如丁苯橡胶、丁腈橡胶等

$$n CH_2{=}CH{-}CH{=}CH_2 + n CH_2{=}CH \longrightarrow \Big[CH_2{-}CH{=}CH{-}CH_2{-}CH_2{-}CH\Big]_n$$

2. 自由基型聚合反应的引发剂

引发剂是指容易分解产生自由基，并能引发单体使之聚合的物质。引发剂在分子结构上具有弱键，且分解后的残基会连接在大分子链的末端，不能分离出来。

（1）引发剂的类型　工业上，可作为自由基型聚合反应的引发剂主要有偶氮化合物、有机过氧化物、无机过氧化物和氧化还原引发体系四种类型，应用比较广泛的是偶氮化合物和有机过氧化物。

① 有机过氧化物　有机过氧化物的特点是分子中均含有—O—O—键，受热后—O—O—键断裂而产生相应的两个自由基。过氧化二苯甲酰（BPO）是最常用的有机过氧化合物类引发剂，通常在 60～80℃分解。在聚合反应过程中，引发剂分解所产生的初级自由基，除主要与单体作用形成单体自由基外，还可能会产生一些副反应，如诱导分解反应；在溶液聚合中还将产生"笼蔽效应"，均降低了引发剂的引发效率。有机过氧化物属油溶性引发剂。

② 偶氮化合物　常用的偶氮化合物有偶氮二异丁腈（AIBN）、偶氮二异庚腈（AB-VN）。偶氮化合物分解产生的初级自由基除引发乙烯基单体外，与有机过氧化物相似，也会由于产生"笼蔽效应"而使引发效率降低，但其不发生诱导分解。偶氮引发剂的分解属于一级反应，分解均匀，常作为动力学研究的引发剂。同时，因为分解时能定量放出氮气，所以工业上被广泛用作制造泡沫塑料的发泡剂。偶氮化合物属油溶性引发剂。

③ 无机过氧化物　常用的无机过氧化物有过硫酸钾（$K_2S_2O_8$）和过硫酸铵 $[(NH_4)_2S_2O_8]$，能溶于水，属水溶性引发剂，多用于乳液聚合和水溶液聚合的场合。这类引发剂的分解速率受体系 pH 值和温度影响较大。

④ 氧化还原引发体系　氧化还原引发体系是利用氧化剂和还原剂之间的电子转移所产生的自由基引发聚合反应。其分解活化能低，分解速率和聚合速率较高，可实现在室温或更

低温度下进行的自由基聚合反应。根据氧化还原引发体系中氧化剂与还原剂的性质，可以是水溶性，也可以是油溶性，但多数是水溶性，主要用于乳液聚合或以水为溶剂的溶液聚合中。

（2）引发剂的选择　在高聚物合成工业中，合理选择及正确使用引发剂，对于提高反应速率、缩短反应时间、增加生产效率具有重要的实际意义。选取时，可遵循以下几点原则。

① 根据聚合方法选择引发剂的类型　对于本体聚合、悬浮聚合和溶液聚合，由于聚合反应引发中心在单体或有机相中，应选择偶氮类和有机过氧化物类的油溶性引发剂；对于乳液聚合或以水为溶剂的溶液聚合，由于聚合反应引发中心在水相中，则应选用过硫酸盐类的水溶性引发剂。如果聚合反应温度低于室温，如低温丁苯橡胶的聚合，在 5℃ 下聚合，需选择氧化还原引发体系。

② 根据聚合反应温度选择引发剂　由于引发剂的分解速率随温度的不同而变化，因此需要根据反应温度选择半衰期适当的引发剂，这样可使聚合反应时间适中。如果引发剂活性过低，则分解速率过低，使聚合时间延长或需要提高聚合温度。相反，引发剂活性过高，分解半衰期过短，虽然可以提高聚合速率，但由于反应放热集中，温度不易控制，容易引起爆聚。

若无适当半衰期的引发剂，也可以考虑选用复合引发剂，即采用两种或两种以上不同半衰期引发剂的混合物，针对实际聚合反应初期慢、中期快、后期又转慢的特点，最好选择高活性与低活性复合型引发剂，通过前期高活性引发剂的快速分解以保证前期聚合速率加快，后期维持一定速率，缩短了聚合反应的周期，能达到复合引发剂的"协同"效果。

③ 根据聚合反应选择适当的引发剂用量　引发剂浓度不仅影响聚合速率，还影响聚合产物的相对分子质量。通常，在保证温度控制和避免爆聚的前提下，尽量选择高活性引发剂，以减少引发剂用量，提高聚合速率，缩短聚合时间。在实际生产中，需要通过大量实验才能决定合适的引发剂用量。

此外，在选择引发剂时，还要综合考虑如储运安全、价格、来源、毒性、稳定性以及对聚合物外观的影响等各方面的因素。

3. 自由基聚合反应机理

自由基型聚合反应属于典型的连锁聚合反应，其反应历程主要包括链引发、链增长、链终止和链转移等基元反应。其中引发速率最小，是控制总聚合速率的关键；链增长反应主要是按头-尾方式连接为主，聚合温度升高，头-头连接（或尾-尾连接）的比例会略有增加；链终止方式主要有双基偶合终止和双基歧化终止两种方式，终止方式与单体种类和聚合条件有关；在聚合反应过程中，也有可能发生链自由基向单体、引发剂、溶剂或大分子的转移反应。

反应机理可以概括为慢引发、快增长、速终止。

4. 自由基聚合反应的影响因素

影响自由基型聚合反应的因素主要有原料的纯度与杂质、单体与引发剂的浓度、聚合温度、聚合压力等。

（1）原料纯度与杂质的影响　聚合反应所用的主要原料有单体、引发剂、溶剂及各种助剂等。其纯度及所含杂质的种类与多少对聚合反应及产品质量有着很大的影响。尤其是阻聚剂、缓聚剂的存在会抑制聚合反应的顺利进行和降低反应速率，在使用前必须脱除；杂质可能引起引发剂的失活、延长引发剂的诱导期；也可能产生有损于聚合物色泽的副反应。一般聚合级的单体纯度要求为99.9%～99.99%。

（2）单体与引发剂浓度的影响　由引发剂引发自由基聚合动力学链长的关系式可知，动力学链长与单体浓度成正比，与引发剂浓度的平方根成反比，因此，单体与引发剂的浓度对聚合物的相对分子质量有着显著的影响，可由相应的定量关系式得出。

（3）聚合温度的影响　温度对聚合反应的影响较大，尤其是对热引发和引发剂引发最为明显。温度主要影响自由基型聚合反应的聚合速率、产物的相对分子质量及微观结构。随着聚合反应温度的升高，链转移速率常数会明显提高，因此，将会使聚合物的相对分子质量降低，支链数增多。

（4）聚合压力的影响　一般来说，压力对液相或固相自由基聚合影响较小，但对气态单体而言，压力对聚合速率和相对分子质量的影响较显著。通常压力增高，能促使活性链与单体之间的碰撞次数增多，反应活化能降低，加快了聚合反应速率，使产物的相对分子质量增大，支链数减少。

（5）链转移剂的影响　链转移反应往往会导致聚合物相对分子质量显著降低。但是实际的工业生产中，可以利用链转移反应来控制聚合物的相对分子质量，从而得到易于加工的聚合物。如利用温度对单体链转移的影响来调节聚氯乙烯的相对分子质量；利用硫醇作为链转移剂来控制丁苯橡胶的相对分子质量等。因此，链转移剂在生产上也习惯称为相对分子质量调节剂或改性剂。

影响自由基型聚合反应的因素很多，在实际生产中，应根据具体的高聚物品种及生产要求，合理地控制自由基聚合反应。

三、离子型聚合反应

离子型聚合反应是指在阳离子引发剂或阴离子引发剂的作用下，使单体活化为带正电荷或负电荷的离子活性中心，再与单体分子连锁聚合形成高聚物的聚合反应。

根据活性中心离子的电荷性质，又可分为阳离子聚合、阴离子聚合和配位聚合反应。

1. 离子型聚合反应的特点

① 属于连锁聚合反应的一种，也是由链引发、链增长、链终止等基元反应组成，且活性中心是离子。

② 对单体的选择性高。一般带有推电子取代基的烯烃类单体适于阳离子聚合，带有吸电子取代基的适于阴离子聚合，带有共轭基团或共轭二烯类单体则既能进行阴离子聚合，又能进行阳离子聚合。

③ 链引发反应活化能低，聚合速率快，可以在低温和溶液中进行。

④ 链增长反应活性链端总带有反离子，且彼此处于平衡。

⑤ 不能发生活性链的偶合终止，只能通过与杂质或人为加入终止剂（链转移剂）进行单基终止反应。

2. 阳离子型聚合反应

阳离子型聚合反应所采用的引发剂为"亲电试剂"，是通过提供氢质子或碳阳离子与单体作用完成链引发的；单体始终按头-尾结构插入离子对中使分子链不断增长；很难发生链终止反应，经常通过加入水、醇、酸等化合物通过发生链转移而使大分子链终止，以调节产物的相对分子质量。目前，采用阳离子聚合并实现工业化生产的主要有聚异丁烯、丁基橡胶等少数几个品种。

反应机理可以概括为快引发、快增长、易转移、难终止。

3. 阴离子型聚合反应

阴离子型聚合反应所采用的引发剂为"亲核试剂"，引发能力取决于引发剂的碱性强弱及与单体的匹配情况；与阳离子聚合相同，阴离子链增长反应也是通过单体按头-尾结构不断插入到离子对中间完成的；阴离子聚合中增长链末端的碳阴离子比碳阳离子稳定，若体系中无终止剂存在，不会发生链终止和链转移反应，阴离子活性长链称为"活性高聚物"。阴离子型聚合反应主要用于合成多种具有特定结构的聚合物，如合成梳形、星形、遥爪及嵌段高聚物，实现工业化生产的主要有液体丁苯橡胶、丁苯嵌段共聚物 SBS 树脂等品种。

反应机理可以概括为快引发、慢增长、无终止。

4. 配位聚合反应

配位聚合反应是在齐格勒-纳塔（Ziegler-Natta）引发剂基础上逐步发展起来的一类重要的聚合反应。使用齐格勒-纳塔引发体系可使引发活性大大提高，使很多难以聚合的烯烃类单体合成立构规整性高聚物，有规立构高聚物的最大特点是高分子链排列非常规整而很容易结晶。在 Ziegler-Natta 引发剂中加入含 N、P、O 给电子体的物质（第三组分），可以提高引发剂的引发活性及产物立构规整度，不过聚合速率会有所下降。同时，配位聚合对所用的单体及溶剂纯度要求很高，尤其对 O_2、CO、H_2、H_2O、$CH\equiv CH$ 等要严格控制其含量，以防止它们与引发剂反应。实现工业化生产的主要有聚乙烯、聚丙烯、聚苯乙烯、顺丁橡胶、乙丙橡胶等。

四、缩聚反应

缩聚反应是由含有两个或两个以上官能团的单体分子间逐步缩合聚合形成高聚物，同时析出低分子副产物的聚合反应。缩聚反应是合成高聚物的主要反应之一，应用十分广泛，工业上大多数杂链聚合物，如聚酯、聚酰胺、聚氨酯、酚醛树脂、环氧树脂、聚碳酸酯等都是通过缩聚反应得到的，广泛用于工程塑料、纤维、橡胶、黏合剂和涂料等领域。

按照生成聚合物的大分子链几何形状的不同，可将缩聚反应分为线型缩聚与体型缩聚两大类。

1. 线型缩聚反应

参加反应的单体都带有两个官能团，反应中形成的大分子向两个方向发展，得到的产物为线型高聚物，其产物的特点是具有可溶解、可熔融性。

（1）缩聚反应的影响因素　线型缩聚反应多属平衡反应，因此，影响因素很多，主要有以下几个方面。

① 温度的影响　大多数缩聚反应是放热反应，升高温度可降低反应体系的黏度，有利于低分子副产物的排除。因此，平衡缩聚反应常在较高温度下进行，即可加快反应速率，缩短达到平衡的时间，但达到平衡后，低温易得高相对分子质量的产物。总之，采用先高温后低温，即可缩短聚合反应时间，又可提高产物的相对分子质量。

② 压力的影响　压力对高温下有小分子副产物排出的缩聚反应有很大影响。一般降低反应体系的压力或提高真空度，有利于小分子副产物的排出，易生成高相对分子质量的产物。但高真空度对设备的制造、加工精度要求严格，投资较大。工业生产中常用的办法是先通入惰性气体降低分压力，最后再提高真空度。

③ 溶剂的影响　只有采用溶液缩聚的方法生产缩聚物时，不同的溶剂对聚合的影响较大。

④ 催化剂的影响　加入催化剂能降低反应活化能，提高反应速率，缩短缩聚反应时间。

但有时为了避免副反应，往往不加催化剂。

（2）缩聚反应相对分子质量的控制　控制线型缩聚产物的相对分子质量就是控制产物的使用与加工性能。因为高聚物作为材料使用，其性能与相对分子质量密切相关。因此，在合成高聚物过程中，必须根据使用目的及要求，严格控制缩聚产物的相对分子质量。理论上，控制相对分子质量的方法有控制反应程度法、官能团过量法和加入单官能团法三种。但在生产中有效方法有两种：一种是使参加反应的一种单体官能团稍过量；另一种是在反应体系中加入单官能度物质使大分子链端基封锁。

实践证明，线型缩聚反应体系中只要存在一种官能团的稍稍过量，就会显著降低产物的相对分子质量。因此，在工业生产中，要想得到高相对分子质量的缩聚物，必须保持严格的等摩尔比。为此，首先应保证原料有足够高的纯度，降低杂质含量；其次应尽量减少因原料挥发与分解而影响单体的摩尔比。

2. 体型缩聚反应

参加反应的单体至少有一种带有两个以上的官能团，反应中形成的大分子向三个方向发展，得到的产物为体型高聚物。其产物具有不溶不熔、耐高温、高强度、尺寸稳定性好等优良性能，适宜作结构材料。

工业生产中一般先生成线型聚合物或者具有反应活性的低聚物（预聚物），然后再通过加热或者加入固化剂等方法使其转变为体型缩聚物的最终产品。凝胶点的预测对体型缩聚物的生产具有重要的意义，可以防止预聚阶段反应程度超过凝胶点而使预聚物在反应釜内发生"结锅"事故。同时，也可在固化阶段合理控制固化时间，确保产品质量。

任务二　高聚物合成的生产过程及各岗位任务

高聚物合成技术就是研究如何利用高分子化工的基本理论，把基本有机合成工业制得的单体采取什么办法使之聚合，经聚合反应合成高分子化合物，为高分子材料加工工业提供原料。

一、高聚物单体的合成与生产

单体是组成高聚物的单元结构，其品种及类型很多，常用的有数十种，合成的高聚物确有上百种。

1. 单体的来源

高分子合成材料已广泛应用于各个领域中，要求原料来源丰富、成本低、生产工艺简单、环境污染小，各种原料能综合利用、经济合理。

目前，单体来源主要有三个途径，即石油化工路线、煤炭路线及农副产品路线。高聚物合成所用的单体大多数是烯烃、二烯烃等脂肪族化合物，少数为芳烃、杂环化合物，还有二元醇、二元酸、二元胺等含官能团的化合物。除单体外，生产中还需要大量的有机溶剂，如苯、甲苯、二甲苯、加氢汽油及烷烃化合物等。所以采用石油化工技术路线是比较合理的。目前，国际上大都是利用石油为原料生产高分子材料的。

（1）石油化工路线　采用石油化工技术路线的相关各工业关系如图1-1所示。

石油开采工业：从石油和天然气矿藏中开采出原油和油田伴生气、天然气的工业。

石油炼制工业：将原油和天然气经过常减压蒸馏、催化裂化、加氢裂化、焦化、加氢精制等过程加工成各种石油产品的过程，如汽油、煤油、柴油、润滑油等石油产品。

```
┌────────┐   ┌────────┐   ┌────────┐   ┌────────┐   ┌──────────┐
│ 石油开  │→ │ 石油炼  │→ │ 基本有机 │→ │ 高分子  │→ │ 高分子材料 │→ 高分子
│ 采工业  │   │ 制工业  │   │ 合成工业 │   │ 合成工业 │   │ 成型加工工业│   材料制品
└────────┘   └────────┘   └────────┘   └────────┘   └──────────┘
```

图 1-1　石油化工技术路线的相关各工业关系

基本有机合成工业：将经过石油炼制得到的相关油品如汽油、柴油经高温裂解、分离精制得到三烯，即乙烯、丙烯及丁二烯。由裂解得到的轻油经催化重整加工得到三苯一萘，即苯、甲苯、二甲苯及萘，进一步可合成醇类、醛类、酮类、有机酸类、酸酐、酯以及含卤类衍生物等。基本有机合成工业不仅为高分子合成工业提供了最主要的原料——单体，并且提供溶剂、塑料用添加剂及橡胶用配合剂等。

高分子合成工业：将小分子的单体聚合成相对分子质量高的合成树脂、合成橡胶及合成纤维。

高分子材料成型加工工业：将高分子合成工业的产品合成树脂、合成橡胶及合成纤维，添加适当种类及数量的添加剂，经过适当的方法加以混合或混炼，然后经各种成型方法制得经久耐用的高分子材料制品。

（2）煤炭路线　煤经过炼焦生成煤气、氨、焦油和焦炭，焦油中含有苯、二甲苯、苯酚、萘等化合物。焦炭和石灰石在电炉中经高温条件生成电石，电石同水反应后生成乙炔，乙炔是生产烯烃、二烯烃和其他有机化工的原料。

（3）农副产品路线　以农副产品为基础原料生产高分子材料的主要是利用木材、粮食、蔗渣、棉秆、谷壳、麦秆加工棚发酵生产乙醇、糠醛等有机化合物，本路线出发点是充分利用自然资源，变废为宝。

2. 常见单体的用途

（1）乙烯和丙烯　有机合成中，利用石脑油或轻柴油裂解主要制乙烯和丙烯，因为乙烯产量最大，所以一般对石油裂解装置通称为"乙烯装置"。大型的乙烯装置年产乙烯为 60 万吨、80 万吨、100 万吨以上。以乙烯为单体经聚合反应得到的是聚乙烯，是目前产量、用量最大的合成树脂。乙烯和丙烯用途十分广泛，所以发展特别快，也是合成其他树脂的主要原料。乙烯、丙烯的主要用途如图 1-2、图 1-3 所示。

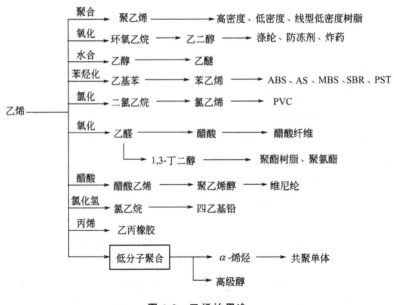

图 1-2　乙烯的用途

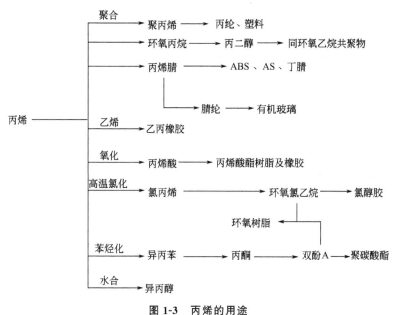

图 1-3 丙烯的用途

（2）丁二烯 丁二烯是合成橡胶的主要单体之一，还可生产工程塑料及热塑性树脂，丁二烯的主要用途如图 1-4 所示。

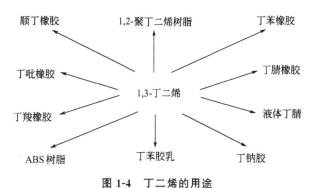

图 1-4 丁二烯的用途

（3）苯乙烯 苯乙烯是用途广泛的单体，利用它可制得很多高聚物。苯乙烯是高分子材料的重要原料，利用它可制成合成橡胶、合成树脂及多种精细化工产品，如图 1-5 所示。

二、高聚物合成的生产过程及岗位任务

高聚物合成的生产过程通常包括原料准备与精制、引发剂的配制、聚合反应、产物分离、回收及产品后处理等，如图 1-6 所示。

1. 工艺过程具体描述

（1）原料准备与精制过程 主要包括单体、溶剂、去离子水等原料的储存、洗涤、精制、干燥、调整浓度等过程和设备。

高聚物合成所用的大多数单体及溶剂都是有机化合物，具有易燃、易爆和有毒的特点，因此，储存和输送过程应当考虑以下安全问题：

① 为防止单体与空气接触产生爆炸混合物或过氧化物，要求储存设备和输送管路的密封性要好，不应有渗漏现象。

② 单体和溶剂储存的温度不能高，尽量低温下避光储存最好。

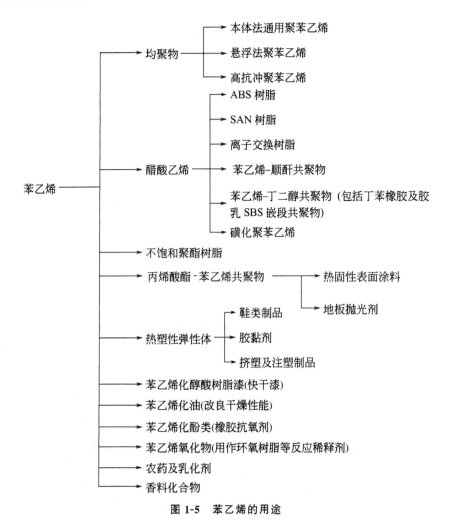

图 1-5　苯乙烯的用途

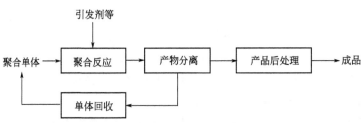

图 1-6　高聚物合成典型工艺过程

③ 在储存区不得有烟火或引起火灾的物品。

④ 为了防止因受热后单体产生自聚，单体储罐及容器应避免阳光照射，注意采用隔热和降温措施，或安装冷却装置。

⑤ 低沸点的单体和溶剂的容器及设备应能耐高压。

⑥ 为防止储罐内进入空气，可通入氮气保护。

此外，合成高聚物的生产中要求单体中杂质很少，纯度要求至少达到 99%，有害杂质不仅影响聚合反应速率和产物的相对分子质量，还可能造成引发剂失活或中毒。尤其是烯烃及二烯烃单体中要求醛、酮、炔烃含量很少。除单体和溶剂外，所用水及助剂的配制都应达到聚合要求，如离子聚合反应中必须用去离子水除去水中的钙镁及金属离子，否则微量的水分也会引起引发剂失去活性。

（2）引发剂的配制过程　主要包括聚合用引发剂和助剂的制造、溶解、储存、调整浓度等过程和设备。在引发剂的配制过程中，多数引发剂有受热后易分解爆炸的危险，所以要充分考虑不同种类引发剂各自的稳定程度。

① 自由基聚合用引发剂　对于油溶性引发剂，主要是偶氮类化合物和有机过氧化物，这类化合物受热后易分解，宜储存在低温环境中。尤其是固体有机过氧化物易爆炸燃烧，在工业储存时要包成小包装，且有一定的水分保持潮湿状态，还要注意防火，防撞击。液体过氧化物可加入一定的溶剂加以稀释以降低其浓度。

对于水溶性引发剂，主要是过硫酸盐及氧化还原引发体系，这类引发剂在使用前一般要用水配成一定浓度的溶液后，再加以使用。

② 离子型聚合用引发剂　离子型聚合所用引发剂有阳离子引发剂、阴离子引发剂及配位络合引发剂，其共同特点是不能同水及空气中的氧、醇、醛、酮等极性化合物接触，否则易引起引发剂的中毒。尤其是水的存在很容易发生引发剂的爆炸分解，失去活性。

烷基金属化合物的危险性最大，遇氧后会发生爆炸。如三乙基铝接触空气就会自燃，遇水则会发生强烈反应而爆炸，使用时要特别小心，储存的地方应有消防设备，配制好的引发剂用 N_2 或其他惰性气体加以保护。

过渡金属卤化物如 $TiCl_4$、$TiCl_3$、$AlCl_3$ 及 BF_3 等，易水解放出腐蚀性的气体。因此，接触的空气或惰性气体应当十分干燥，使用容器、储槽及管道用惰性干燥气体或无水溶剂冲洗。此外，$TiCl_4$ 和 $TiCl_3$ 易与空气中的氧反应，在储存和运输中要严格防止接触空气。

在配制配位络合引发剂时，加料的顺序、陈化方式及温度对引发剂的活性也有明显影响。

通常引发剂用量很少，特别是高效引发剂用量更少，配制时一定要按规定的方法和配方要求进行操作，才能保证其活性。

③ 缩聚反应所用催化剂　缩聚反应是官能团之间逐步聚合形成高聚物的反应，即使不加催化剂也可以完成聚合反应，但有时为了加快反应速率，也加入一定量的催化剂。大多数是酸、碱和金属盐类化合物，一般不属于易燃、易爆化合物，但对人体有一定的伤害作用，也要注意生产的安全。

（3）聚合反应过程　高聚物的聚合反应过程是高聚物合成工艺过程中的核心过程，也是最关键的步骤，对整个高聚物的生产起决定性作用，直接影响产物的结构、性能及应用。不同的聚合实施方式，其聚合反应的控制因素不同，主要考虑以下几个方面。

① 对聚合体系的要求　聚合体系中单体、分散介质（水、有机溶剂）和助剂的纯度达到要求，不含有害于聚合反应的杂质，不含影响聚合物色泽的杂质，同时要满足生产用量及配比要求。

② 对反应条件的要求　聚合反应多为放热反应，不同单体聚合热差别很大。聚合温度主要影响聚合反应速率、产物的相对分子质量及分布。因此，为控制高聚物产品的质量，通常要求聚合反应体系的温度波动与变化不能太大。聚合反应压力主要对沸点低、易挥发的单体和溶剂影响较大，影响规律与温度影响相似。因此，生产上需采用高度自动化控制。

③ 对聚合设备和辅助装置的要求　高聚物的合成反应通常在反应器中进行，要求反应器有利于加料、出料及传质、传热过程。高聚物合成的品种很多，聚合方法不同，反应器的

类型较多，主要有釜式、塔式及管式三大类。由于高聚物产品形成之后，不能精制提纯，所以对聚合生产设备的材质要求严格，设备及管道应采用不锈钢、搪玻璃或不锈钢碳钢复合材料制成。

④ 对产品牌号的控制方法　高聚物生产可通过改变配方或反应条件获得不同牌号（主要是相对分子质量大小及分布）的产品，常采用以下几种方法。

a. 使用相对分子质量调节剂：在聚合过程中，链转移反应可以降低产物的相对分子质量，因此，实际生产中可添加适量的链转移剂（相对分子质量调节剂），将产品平均相对分子质量控制在一定范围内。

b. 改变反应条件：聚合反应温度、压力不仅影响聚合反应总速率，对链增长、链终止及链转移反应速率均有不同影响，因而反应条件的改变会改变产品平均相对分子质量。工业上，最典型的是利用反应温度来得到不同牌号的聚氯乙烯树脂。

c. 改变稳定剂、防老剂等添加剂的种类：生产中，某些品种的合成树脂与合成橡胶的牌号因所用稳定剂或防老剂的不同而改变，可根据用途选择。

（4）产物分离过程　包括未反应单体的回收、脱除溶剂、引发剂、低聚物等过程与设备。聚合反应后所得物料多数不是单纯的聚合物，往往还含有未反应的单体、反应用的介质水和溶剂、残留的引发剂及其他未参加反应的助剂，为提高高聚物产品的纯度，回收未反应的单体及溶剂，降低生产成本，减少环境污染，对聚合后的物料必须进行分离，分离方法与所得高聚物的形态有关。

（5）回收过程　主要包括未反应单体和溶剂的回收与精制过程及设备。生产中主要是回收离子聚合反应和配位聚合反应的溶液聚合方法中使用的有机溶剂，并进行精制，然后循环使用。在生产中，通常采用离心过滤与精馏单元操作进行回收。

（6）产品后处理过程　主要包括聚合物的输送、干燥、造粒、均匀化、储存、包装等过程与设备。经前期分离过程制得的固体高聚物，含有一定的水分和未脱除的少量溶剂，必须经过干燥脱除，才能得到干燥的合成树脂或合成橡胶。

此外，尚有与全厂有关的三废处理和公用工程如供电、供气、供水等项目。

2. 高聚物生产岗位的任务

通过对高聚物合成生产企业的调研，针对高聚物生产典型工艺过程，总结、分析归纳出高聚物合成产品生产中所对应的岗位任务、岗位能力、岗位知识及岗位素质的要求（见表1-2）。

3. 高聚物的生产过程特点

高聚物合成的生产过程，不同于其他化工生产，具有以下特点：

① 要求单体具有双键和有活性的官能团，分子中含 C＝C 及两个或两个以上的官能团，通过分子中双键和活性官能团，生成高聚物。

② 由低分子单体生成高聚物的相对分子质量是多分散性的，相对分子质量的分布不同，产品的性能差别很大，影响相对分子质量的工艺因素较多。

③ 生产过程中聚合或缩聚反应的热力学和动力学不同于一般有机反应，直接影响相对分子质量、大分子结构和转化率。

④ 生产的品种多，有固体、液体，不同品种生产工艺流程差别很大。

⑤ 聚合反应体系中物料有均相体系和非均相体系，反应过程中有相态变化。

⑥ 整个生产过程包括：溶剂的配制，引发剂、催化剂的制备，聚合反应，分离纯化及后处理等工艺步骤，每步工艺过程都对产品的质量有影响。

表 1-2　高聚物生产岗位任务描述

岗位名称	岗位任务描述	岗位能力描述	岗位知识描述	岗位素质描述
聚合单体岗位	聚合单体准备、精制、储运、质检、投入及设备维护保养	能对单体进行选择、精制、存储；能解读工艺流程，并按规程实施；能识别单体质量；能按配方计量、投入；能进行简单维护保养	单体来源、分类、性质、存储、精制、计量、输送、控制原理与方法；静、动设备保养	经济意识；安全意识；环保意识；团队意识；整体运作意识
引发剂等岗位	引发剂的精制与配制；各辅助物料精制与配制；各种计量输送；配制设备的维护保养	能对引发剂和辅助物料进行选择、存储、精制、配制；能解读工艺流程，并按规程实施；能进行各种计量输送；能按配方计量、投入；能进行简单维护保养	引发剂的选择、分类、性质、存储、精制、计量、输送、控制原理与方法；配方的计算方法；静、动设备保养	经济意识；安全意识；环保意识；团队意识；整体运作意识
聚合反应岗位	实施聚合并获得合格产品；按规程平稳操作；合理控制工艺条件；"三率"达标；聚合设备维护与保养	能解读工艺流程，并按规程实施；能判断聚合现象并调节聚合条件；能正确使用聚合设备及仪表；能判别常见问题，并能及时处理；能对聚合设备简单维护与保养	聚合机理；实施方法；影响因素分析；DCS控制系统；操作优化方法；静、动设备保养、维修	经济意识；安全意识；环保意识；团队意识；关键意识；整体运作意识
产物分离岗位	对含有聚合物的混合物进行分离	能针对混合物组成的不同，按分离方案进行分离实施；能解读分离规程；能操作分离设备；能控制分离指标；能维修保养分离设备	分离方案选择；分离原理与设备；分离控制原理；操作规程；静、动设备保养	经济意识；安全意识；环保意识；团队意识；整体运作意识
后处理岗位	聚合产物的提纯处理	能解读提纯操作规程；能实施提纯操作；能控制提纯工艺条件；能对产物均一化处理；能对常见问题处理；能维护保养提纯设备	提纯原理；干燥原理；杂质分离；挤出造粒；均一化处理原理；静、动设备保养	经济意识；安全意识；环保意识；团队意识；整体运作意识
成品岗位	产品计量、抽检、包装、入库、登记、销售、付货	能使用计量、包装设备；能按规程实施计量与包装；能按规定登记、入库、付货；能进行储存时检查管理；能进行设备维护保养	物流管理；安全管理；ERP系统；经济管理；营销管理	经济意识；安全意识；环保意识；团队意识；整体运作意识
回收岗位	按规程平稳操作；回收工艺条件控制；回收原料的再利用；回收设备维护保养	能解读回收规程；能进行回收设备操作；能控制回收工艺条件；能使用回收用电器、仪表；能处理常见回收问题；能进行简单维护保养	回收原理；控制方法；质量控制；节能减排；静、动设备保养	经济意识；安全意识；环保意识；团队意识；整体运作意识

任务三　聚合反应的工业实施方法

　　高聚物的合成需要通过一定的生产工艺过程才能实现，但不同的反应机理采用不同的工业实施方法才能得到人们所需要的合成产品，有时即使是同一种单体，属于同类型的聚合反应机理，若选择不同的生产工艺过程，其操作条件、聚合设备及产品性能也会有较大差异，其合成产品的用途也不尽相同。

一、连锁聚合反应的工业实施方法

连锁聚合反应的工业实施方法主要有本体聚合、溶液聚合、悬浮聚合和乳液聚合四种。自由基型聚合反应上述四种方法都可以选择，而阳离子、阴离子及配位型聚合反应因引发剂的活性很容易被水破坏，只能实施本体聚合和溶液聚合。通常，根据单体（或溶剂）与聚合物的互溶情况不同，可将聚合实施方法分为均相聚合和非均相聚合（沉淀聚合或淤浆聚合）。均相聚合是指高聚物能溶于单体和溶剂中，聚合过程始终保持均相体系；非均相聚合是指高聚物从单体中沉析出来形成两相体系。

1. 本体聚合

本体聚合是指只有单体加引发剂（有时也不加）或光、热、辐射的作用下实施聚合反应的一种方法。体系的基本组成为单体和引发剂。在工业实际生产中，有时为改进产品的性能或成型加工的需要，也加入增塑剂、抗氧剂、紫外线吸收剂和色料等助剂。

本体聚合根据单体在聚合时的状态不同，可分为气相本体聚合、液相本体聚合和固相本体聚合，其中以液相本体聚合应用最为广泛。目前，本体聚合主要用于合成树脂的生产，工业上典型的产品有聚乙烯、聚丙烯、聚氯乙烯、聚苯乙烯及聚甲基丙烯酸甲酯等。

本体聚合的主要特点是聚合反应中无其他介质，工艺过程比较简单，产品杂质少、纯度高，可实现连续化生产，生产能力大；但由于反应的聚合热较大，容易引起局部过热，致使产品产生气泡、变色，甚至引起爆聚。因此，在实施本体聚合时首先要考虑如何将聚合热移除，工业上常用的解决措施是对单体进行分阶段聚合，即先在聚合釜中进行预聚合，控制转化率在10%～40%，然后在模具中进行薄层聚合或减慢聚合，同时加强冷却。其次还必须考虑聚合产物的出料问题，如果控制不好，不仅会影响产品质量，还会造成生产事故，可根据产品特性，采用浇注脱模制板材、熔融体挤出造粒、粉料出料等方式。

2. 溶液聚合

溶液聚合是指将单体和引发剂溶解于适当溶剂中进行聚合反应的一种方法。体系的基本组成为单体、引发剂和溶剂，也可加入适当的助剂。

溶液聚合根据聚合物与溶剂的互溶情况，可将其分为均相聚合和非均相聚合（沉淀聚合）两类。工业上，溶液聚合多用于聚合物溶液直接使用的场合。如涂料、胶黏剂、合成纤维纺丝液、浸渍剂等的制备，典型的产品有聚丙烯腈、聚醋酸乙烯酯、聚丙烯、顺丁橡胶、异戊橡胶及乙丙橡胶等。

溶液聚合的主要特点是溶剂作为传热介质的存在，使聚合反应热容易移出，聚合温度容易控制，体系中聚合物浓度较低，不易进行活性链向大分子链的转移而生成支化物或交联产物；反应后的产物可以直接使用。但由于单体被溶剂稀释而浓度小，聚合速率慢，转化率低，易发生向溶剂转移而使聚合产物相对分子质量不高，此外，溶剂回收使回收工艺烦琐。

溶液聚合所用的溶剂主要是水和有机溶剂。工业上，根据单体的溶解情况及生产高聚物溶液的用途来选择合适的溶剂，还要考虑溶剂极性、链转移大小及对引发剂分解速率等方面的影响。

一般，自由基聚合反应选择芳烃、烷烃、醇类、醚类、胺类和水作溶剂；离子型与配位溶液聚合选择烷烃、芳烃、二氧六环、四氢呋喃、二甲基甲酰胺等非质子型有机溶剂。

3. 悬浮聚合

悬浮聚合是将不溶于水、溶有引发剂的单体，在强烈机械搅拌和分散剂的作用下，以小液滴状态悬浮于水中完成聚合反应的一种方法。体系的基本组成为单体、引发剂、水和分散剂，也可加入适当的助剂。通常把单体和引发剂称为单体相，水和分散剂称为水相。

目前，悬浮聚合主要用于合成树脂的生产，如聚氯乙烯树脂、聚苯乙烯树脂、可发性聚苯乙烯珠粒、苯乙烯-丙烯腈共聚物、聚甲基丙烯酸甲酯均聚物及共聚物、聚四氟乙烯、聚三氟氯乙烯及聚醋酸乙烯酯树脂等。

悬浮聚合的主要特点是以水作为分散介质，生产成本较低，温度较易控制，产品纯度较高，无需回收，操作简单，粒状树脂可用于直接加工。但目前只能采用间歇分批生产，连续化生产尚处于研究之中。

（1）聚合体系中各组分的作用

① 单体　悬浮聚合用单体应不溶于水或溶解度很低，对水稳定而不发生水解反应。

② 引发剂　悬浮聚合采用油溶性引发剂，偶氮类及有机过氧化物类的均可，也可两种复合使用。可依据单体性质和工艺条件不同来选择适当的引发剂，引发剂的种类和用量对聚合反应速率、聚合转化率、产物相对分子质量均有影响。

③ 水　悬浮聚合用水必须是去离子水，水中杂质的存在会影响产品的外观质量与性能，也会对聚合产生阻聚作用而降低聚合速率。水的作用是能维持单体或聚合物粒子呈稳定的悬浮状态，同时也能作为传热介质，将聚合热及时传递出去。

④ 分散剂　分散剂的主要作用是帮助单体分散成液滴，在液滴表面形成保护膜，防止聚合早期液滴或中后期粒子的聚并。按照化学性质，可将悬浮聚合用分散剂分为水溶性高分子化合物和非水溶性无机固体粉末两大类。

水溶性高分子化合物包括天然高分子化合物和合成高分子化合物两类，都是一些非离子性表面活性极弱的物质。常用的有明胶、淀粉、纤维素醚类（甲基纤维素、羟乙基纤维素等）、聚乙烯醇、聚丙烯酸、马来酸酐-苯乙烯共聚物等。水溶性高分子化合物溶于水的部分分散于水相中，另一部分吸附在单体液滴表面起保护作用。

非水溶性无机固体粉末分散剂主要有碳酸镁、碳酸钙和滑石粉等，它们的作用机理是细粉末吸附在液滴表面，起着机械隔离作用，防止液滴相互碰撞和聚集。

悬浮体系中除单体和引发剂外，有时为了控制产物的相对分子质量，单体相中也可加入少量的调节剂、稳定剂、颜料等助剂，水相中加入水相阻聚剂等。

（2）悬浮聚合的机理　悬浮聚合的场所是在单体液滴内，而每个小液滴内只有单体和引发剂，因此，其机理与本体聚合相似，即在每个小液滴内实施本体聚合。

① 单体液滴的形成过程　将溶有引发剂的油状单体倒入水和分散剂形成的水相中，单体相将浮于水相上层。进行机械搅拌时，由于剪切力的作用，单体液层先被拉成细条形，然后分散成单体液滴，在一定的搅拌强度和分散剂作用下，大小不等的液滴通过一系列的分散和结合过程，构成一定的动平衡，最后得到大小均匀的粒子。

② 聚合物粒子的形成过程　根据聚合物在单体中的溶解情况，悬浮聚合可分为均相聚合（珠状聚合）和非均相聚合（粉状聚合）两种，其成粒机理是不同的。

a.珠状粒子的形成。甲基丙烯酸甲酯和苯乙烯的均聚体系是典型的珠状悬浮聚合，成粒过程可分为三个阶段。

聚合初期：单体在机械搅拌和分散剂的作用下形成直径 0.5～5mm 的小液滴，在适当的温度下，引发剂分解产生自由基，引发单体聚合。

聚合中期：由于高聚物能溶于单体中，使液滴保持均相。随着高聚物增多，液滴黏度增大，体积开始减小，存在易黏结成块的危险期。当转化率达70%以后，聚合速率开始下降，单体浓度逐渐减少，液滴内大分子愈来愈多，液滴黏性减小，弹性相对增加。

聚合后期：转化率达80%时，单体数量显著减少，液滴内大分子链间结合愈来愈充实，弹性逐渐消失而变硬。适当提高温度使残余单体进一步聚合，完成由液相转变为固相的全部过程，最终形成均匀、坚硬、透明的高聚物球状粒子，如图1-7所示。

単体液滴　　　　聚合初期　　　　　聚合中期　　　　　　　　　透明粒子

图1-7　珠状粒子的形成过程示意

b. 粉状粒子的形成。聚氯乙烯均聚体系是典型的粉状悬浮聚合，其形成过程分为五个阶段。

第一阶段：转化率低于0.1%，在搅拌和分散剂作用下，形成0.05～0.3mm的微小液滴。当单体聚合形成约10个碳原子以上高分子链时，高分子链就从液滴单体相中沉淀出来。

第二阶段：转化率为0.1%～1%，是粒子的形成阶段。沉淀出来的高分子链合并形成0.1～0.6μm的初级粒子，液滴逐渐由单体液相转变为由单体液相和高聚物固相组成的非均相体系。

第三阶段：转化率为1%～70%，是粒子的生长阶段。液滴内初级粒子逐渐增多，合并成次级粒子，次级粒子又相互凝结形成一定的颗粒骨架。

第四阶段：转化率为70%～85%，溶胀高聚物的单体继续聚合，粒子由疏松变得结实而不透明。生产上经常控制在转化率达85%结束，回收残余单体。

第五阶段：转化率在85%以上，直至残余单体聚合完毕，最终形成坚实而不透明的高聚物粉状粒子。

4. 乳液聚合

乳液聚合是指单体和引发剂在水介质中由乳化剂分散成乳液状态而完成聚合反应的一种方法。体系的基本组成为单体、引发剂、水和乳化剂，也可加入适当的助剂。

乳液聚合的发展首先得益于天然橡胶的发现及应用。乳液聚合适合于很多类合成树脂和合成橡胶的生产，如聚氯乙烯及其共聚物、聚醋酸乙烯酯及其共聚物、聚丙烯酸酯类共聚物、丁苯橡胶、丁腈橡胶、氯丁橡胶等。

乳液聚合的主要特点是以水作反应介质，环保安全；聚合速率快，产物相对分子质量高；反应体系黏度低，反应热易移出；胶乳可直接用作水乳漆、黏结剂等；需要固体产品时，后处理工序多，成本较高；产品中往往留有乳化剂杂质，难以完全除净，影响性能。

（1）聚合体系中各组分的作用

① 单体　乳液聚合广泛应用乙烯基单体，必须具备三个条件：可以增溶溶解但不能全部溶解于乳化剂水溶液中；可在发生增溶溶解作用的温度下进行聚合反应；与水或乳化剂无任何活化作用。

② 引发剂　乳液聚合采用水溶性引发剂，常用的是无机过氧化物及氧化还原引发体系。可依据单体性质和工艺条件不同来选择适当的引发剂，引发剂的种类和用量对聚合反应速

率、聚合转化率、产物相对分子质量均有影响。

③ 水　乳液聚合用水必须是去离子水，水中杂质的存在会影响产品性能。水的作用是分散介质，保证胶乳有良好的稳定性。

④ 乳化剂　乳化剂也称表面活性剂。任何乳化剂分子总是同时含有亲水基团和亲油基团。按照亲水基团的性质可分为阴离子型乳化剂、阳离子型乳化剂、非离子型乳化剂和两性乳化剂四种类型。工业上常用阳离子型乳化剂或阴离子型乳化剂与非离子型乳化剂的混合乳化剂。

乳液聚合体系中除单体和引发剂外，也可加入少量的相对分子质量调节剂、稳定剂、颜料、防老剂等助剂。

（2）乳液聚合的聚合机理　若向纯水中加入乳化剂时，将形成乳化剂水溶液，当乳化剂浓度较低时，乳化剂以分子状态溶解于水中，浓度达到一定值后，乳化剂分子开始由 $50\sim150$ 个聚集在一起形成球状、层状或棒状的胶束，如图1-8所示。能够形成胶束的最低乳化剂浓度，称为临界胶束浓度，简称 CMC。对一定的乳化剂而言，在一定温度下，CMC 为一定值。显然，CMC 值愈小，乳化剂的乳化能力则愈强。

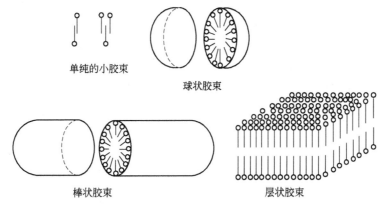

单纯的小胶束　　球状胶束

棒状胶束　　层状胶束

图1-8　各种胶束的形状模型

通常，单体在水中的溶解度很小，当加入一定量的单体后，在搅拌作用下，单体被分散成单体液滴，其大小取决于单体及乳化剂的种类和数量，会有少量自由单体溶于水中，还有一部分单体被吸收到胶束内部，这种含有单体的胶束称作增溶胶束。

当水溶性引发剂加入到上述体系后，在一定温度下，引发剂分子在水相中分解产生初级自由基，由于溶解于水相中的自由单体和单体液滴与增溶胶束相比数量少得多，相差至少 10^4 倍以上，自由基会由水相扩散到增溶胶束中，在其引发聚合，生成聚合物链，这时的增溶胶束称为乳胶粒。因此，乳液聚合不是发生在单体液滴内，胶束才是乳液聚合的场所。胶束、增溶胶束及乳胶粒如图1-9所示。

胶束　　　　增溶胶束　　　　乳胶粒

图1-9　胶束、增溶胶束及乳胶粒示意图

随着聚合反应的进行，乳胶粒中单体的数量不断减少，这时单体液滴会作为单体的"仓库"，源源不断地由单体液滴通过水相扩散到乳胶粒中，使聚合反应不断进行，直至单体液滴消失为止。

二、缩聚反应的工业实施方法

缩聚反应的工业实施方法通常有熔融缩聚、溶液缩聚、界面缩聚、固相缩聚和乳液缩聚等。熔融缩聚的本质类似于本体聚合，溶液缩聚与溶液聚合基本相同，其他三种主要用在特种高分子的合成，属特殊聚合，这里只介绍工业常用的熔融缩聚和溶液缩聚。

1. 熔融缩聚

在没有溶剂的情况下，使反应温度高于单体和缩聚物的熔融温度（一般高于熔点 10～25℃），体系始终保持在熔融状态下进行缩聚反应的一种方法。体系中可加入少量催化剂、适当的稳定剂及相对分子质量调节剂等。

熔融缩聚是工业生产线型缩聚物的最主要方法，如聚酯、聚酰胺、聚碳酸酯等都是采用熔融缩聚法进行工业生产的。

熔融缩聚的主要特点是工艺流程比较简单，产物后处理容易，产品纯净，可连续生产；但对设备要求较高，过程工艺参数指标高（高温、高压、高真空、长时间）。

2. 溶液缩聚

溶液缩聚是当单体或缩聚产物在熔融温度下不够稳定而易分解变质时，为了降低反应温度，使单体溶解在适当的溶剂中进行缩聚反应的一种方法。

溶液缩聚的应用规模仅次于熔融缩聚，适用于熔点过高、易分解的单体缩聚过程。主要用于生产特殊结构和性能的缩聚物，如难熔融的耐热聚合物聚砜、聚酰亚胺、聚苯硫醚、聚芳香酰胺等。

溶液缩聚与熔融缩聚相比，聚合反应缓和、平稳，不需要高真空；制得的聚合物溶液可直接作为清漆或成膜材料使用，也可作为纺丝液纺制成纤；考虑溶剂回收，后处理会变得比较复杂。

三、自由基型聚合反应工业实施方法的比较

生产中选择哪一种方法，必须由单体的性质和聚合产物的用途来决定。现将自由基型聚合反应的实施方法进行归纳比较，如表1-3所示。

表 1-3　聚合反应的实施方法工艺比较

比较项目	本体聚合	溶液聚合	悬浮聚合	乳液聚合
配方主要成分	单体、引发剂	单体、引发剂、溶剂	单体、引发剂、分散剂、水	单体、引发剂、乳化剂、水
聚合场所	本体内	溶液内	单体液滴内	胶束内
主要操作方式	连续	连续或间歇	间歇	连续或间歇
工业复杂程度	简单	较复杂	简单	复杂
生产特点	难散热	易散热	易散热	易散热
产物特征	纯度高、色浅、相对分子质量分布宽	可直接用于涂料、胶黏剂等	较纯，有少量分散剂残存	可直接使用，有少量乳化剂残存
主要控制条件	反应热、产物出料	溶剂性质、转移反应	分散剂种类、用量及搅拌速率	乳化剂种类、用量、搅拌速率、含固量
主要应用	PMMA、PS、LDPE 等	PVAc、PP、顺丁胶、异戊胶等	PVC、PMMA、PS 等	PVAc、丁苯胶、丁腈胶等

碳链高聚物的合成技术

任务一　有机玻璃棒材和板材的生产

有机玻璃是通过甲基丙烯酸甲酯的本体聚合制备的，是重要的光学塑料，具有优异的光学性能和良好的综合性能，在工业上有着广泛的应用。有机玻璃生产原料及产品见图2-1。

有机玻璃棒　　　　　　　生产原料　　　　　　　有机玻璃板

图 2-1　有机玻璃原料及产品示意

【任务介绍】

以甲基丙烯酸甲酯为原料，选择合适的引发剂、其他试剂及生产设备，确定配料比，在给定的时间内，生产出有机玻璃棒材或板材。

产品质量要求：无色透明、表面光滑、内无气泡与杂质。

【任务分析】

甲基丙烯酸甲酯的聚合遵循自由基聚合反应机理，可以选择本体聚合、溶液聚合、悬浮聚合和乳液聚合四种工业实施方法来实现产品的生产，通常依据产品的用途来选择。本次生产任务是生产有机玻璃的棒材与管材，应选择本体聚合来实现。

【必备知识】

一、有机玻璃制品展示

有机玻璃是聚甲基丙烯酸甲酯（PMMA）均聚物或共聚物的片状物，也称为亚克力，是目前塑料中透明性最好的品种。有机玻璃制品展示见图2-2。

二、有机玻璃的性能及用途

1. 有机玻璃的性能

有机玻璃是高度透明的热塑性高分子材料，透光率高，有"塑胶水晶"之美誉，可透过

92％以上的太阳光，紫外线达73.5％，折射率1.49；质地较轻，相对密度为1.18～1.20，不到无机玻璃的一半，抗碎能力超过几倍，透光率高10％；力学性能和韧性比无机玻璃大10倍以上；具有优良的耐候性、电绝缘性能；易于染色；分解温度大于200℃，长期使用温度通常低于80℃；化学稳定性较好，耐碱、稀酸、水溶性无机盐及长链烷烃和油脂等化学品，但可溶于芳烃（如苯、甲苯、二甲苯等）、氯代烃（如四氯化碳、氯仿等）、丙酮等有机溶剂。

  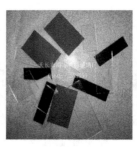 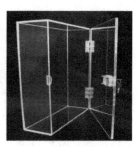

| 彩色有机玻璃棒 | 有机玻璃尺 | 有机玻璃板 | 有机玻璃展示架 |

图2-2　有机玻璃制品展示

2. 有机玻璃的用途

有机玻璃应用于各个领域中，具体用途见表2-1。

表2-1　有机玻璃的用途

应用领域	应用实例	应用领域	应用实例
航空	飞机用座舱罩、风挡和弦窗等	医学	婴儿保育箱、人工角膜、各种手术医疗器具等
建筑	大型建筑的天窗、天棚、橱窗、隔音门窗、采光罩、电话亭等	工业	仪器表面板及护盖等
光学	仪表防护罩、光学镜片（眼镜、放大镜、透镜、望远镜、照相机）等	照明	日光灯、吊灯、街灯罩等
交通	车辆门窗、风挡、汽车尾灯灯罩等	日常	卫浴设施、工艺品、各种纽扣、发夹、儿童玩具、笔杆、绘图仪器等
广告	灯箱、招牌、指示牌、展架等	家居	果盘、纸巾盒、亚克力艺术画等

三、有机玻璃的生产工艺

1. 有机玻璃的生产原理

（1）单体的性质及来源　纯净的甲基丙烯酸甲酯是无色透明易挥发的液体，低毒，有特殊酯类气味，微溶于水，稍溶于乙醇和乙醚，易溶于芳香族的烃类、酮类及氯化烃等有机溶剂。甲基丙烯酸甲酯分子结构中含有不饱和双键、结构不对称，易发生聚合反应。酯基可以发生水解、醇解、胺解等反应，能与其他甲基丙烯酸酯或许多其他单体共聚。

目前，甲基丙烯酸甲酯主要的生产方法有丙酮氰醇法、叔丁醇直接氧化法、乙烯羰基化法、新型铂催化法四种。

（2）生产原理

甲基丙烯酸甲酯的本体聚合，按自由基聚合反应进行。聚合反应式如下

$$n\text{H}_2\text{C}=\underset{\underset{\text{CH}_3}{|}}{\text{C}}-\text{COOCH}_3 \longrightarrow \left[\text{CH}_2-\underset{\underset{\text{CH}_3}{|}}{\overset{\overset{\text{COOCH}_3}{|}}{\text{C}}}\right]_n$$

2. 有机玻璃的生产特点

在利用本体聚合生产有机玻璃时，最关键的问题是如何控制克服甲基丙烯酸甲酯聚合过程中的凝胶效应、爆聚及聚合过程体积收缩的问题。

（1）凝胶效应 聚合中，当单体转化率达到 20％左右时，体系黏度会明显增大，增长的活性链活动受阻，这时，单体的扩散速率无影响，链增长速率将正常进行，而链终止速率却减慢，因此聚合物的相对分子质量显著增大，聚合反应速率明显增加，出现了自动加速效应，以致发生局部过热，甚至产生爆聚。在聚合过程中必须严格控制升温速率，掌握自动加速效应发生的规律。

（2）爆聚 在聚合过程中，当反应物逐渐增稠而变成胶质状态后，热的对流作用受到限制，使反应体系积蓄大量的热，局部温度上升，导致聚合速率加快，以致产生大量的热量，这种恶性循环的结果先是局部，然后扩大至全部达到沸腾状态，产生所谓的爆聚现象。若发生在密闭容器中，可能会产生很大的压力，可使容器炸裂，引起生产事故。

（3）聚合过程体积收缩率大 在甲基丙烯酸甲酯转化成高聚物的反应过程中，反应物的体积有着显著的收缩。甲基丙烯酸甲酯单体的密度为 $0.948g/cm^3$，聚合物密度为 $1.18g/cm^3$，因此，发生聚合后，收缩率会超过单体原有体积的 1/5，结果会造成产品表面的缺陷。

3. 有机玻璃的生产工序

工业上，用本体法生产有机玻璃时，按加热方式可分为水浴法和空气浴法，或两种方式结合使用。通常水浴法一般生产民用产品，空气浴法大多用于生产力学性能要求高、抗银纹性好的工业产品及航空用的有机玻璃。按单体是否预聚灌模又可分为单体灌模和单体预聚成浆液后灌模两种。有机玻璃的板材及棒材的生产通常用单体预聚成浆液灌模的方法，如图2-3 所示的为有机玻璃板材的生产流程框图。

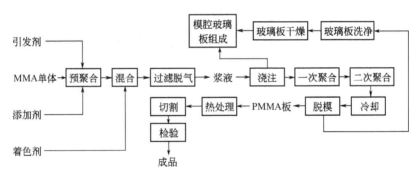

图 2-3 有机玻璃板材的生产流程示意

4. 有机玻璃的生产控制因素

本体聚合由于反应的聚合热较大，很容易引起局部过热，致使产品产生气泡、变色，甚至引起爆聚。因此，在生产过程中，要严格控制温度、压力、反应时间、系统中氧及原料的纯度等。

（1）单体的纯度 若单体中含有甲醇、水、阻聚剂等，将影响聚合反应速率，造成有机玻璃局部密度不均或带微小气泡和皱纹等，甚至严重影响有机玻璃的光学性能、热性能及力学性能，所以聚合级单体的纯度应达 98％以上。聚合前，可用洗涤法、蒸馏法或离子交换法去除单体中的阻聚剂。若杂质中含有少量甲基丙烯酸，虽有所粘模，但可消除收缩痕。

（2）引发剂的性质 有机玻璃的生产，可选择有机过氧化物或偶氮类化合物作引发剂，但其用量对产物相对分子质量的影响较大,通常用量为 0.8%～1.0%。此外,有机过氧化物是强氧化剂,对某些染料有氧化作用,使有机玻璃无法染色,在配料时应给予注意。

(3) 聚合反应温度　温度升高,聚合反应速率加快,转化率增大。但温度过高,会导致链终止速率超过链增长速率,同时引起长链解聚,使短链增多,相对分子质量下降,影响产品的力学性能。温度控制不均,易局部过热,将会引起收缩不均、应力集中,使制品过早出现银纹、出现气泡等缺陷。

(4) 聚合反应压力　压力提高,可增加活性链与单体的碰撞概率,加快聚合反应速率。加压操作还可以减少因聚合体积收缩而引起的表面收缩痕。因此,工业上在生产有机玻璃棒时常采用加压聚合工艺,有利于提高产品的质量。

(5) 聚合反应时间　在一定的温度下,通常聚合转化率随时间的增长而增大。当单体转化率小于 20%,聚合速率很快;转化率大于 20%,聚合速率略微减缓;转化率大于 45%后大为减慢;待转化率达 90%以上,聚合反应几乎接近停止,所以,在较低温度聚合结束后,升温至 100～110℃保持 1～3h,使聚合反应进行彻底。

(6) 系统中的氧　系统中的氧很容易使有机玻璃产生分解反应而使热性能和力学性能降低。因此,生产中要尽量避免空气与单体或预聚物接触,对预聚体要采取真空脱气,灌模时必须将模具内空气排尽。

【任务实施】

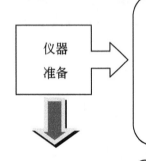

主要任务:完成仪器的选择、清洗与烘干
生产设备:恒温水浴锅一台、锥形瓶(250mL)1个、温度计(0～100℃)1支、烧杯(500mL)1个、量筒(20mL)1个、玻璃纸、橡皮圈、夹子。
模具:玻璃试管若干(棒材生产用),石英玻璃板(150mm×100mm)2块 (板材生产用)。
公用设备:烘箱、天平。

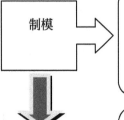

主要任务:制备生产棒材、板材所用模具
棒材模具:玻璃试管两支,烘干。
板材模具:取洗净烘干的两块石英玻璃,在玻璃片之间垫好用玻璃纸包好的乳胶管,围成方形,留出灌料口,用铁夹夹紧,烘干。

主要任务:完成单体、引发剂及助剂的选择
单体:甲基丙烯酸甲酯(分析纯)。
引发剂:偶氮二异丁腈或过氧化二苯甲酰(分析纯)。
助剂:增塑剂(邻苯二甲酸二丁酯,分析纯),脱模剂(硬脂酸钠,分析纯)。

主要任务：完成预聚体的制备

准确称取50g单体，按引发剂用量0.8%～1.0%，5mL增塑剂及20mg脱模剂放入锥形瓶中，为防止水汽进入锥形瓶内，在瓶口包上一层玻璃纸，再用橡胶圈扎紧，用适当水温的水浴加热锥形瓶，至瓶内预聚物黏度与甘油黏度相近时立即停止加热，迅速用冷水使预聚物冷至室温。

主要任务：将制得的预聚物灌入预先准备好的模具中

将所得的预聚物灌入模具中，灌模时不要全灌满，稍留点空间，以免预聚物受热膨胀溢出模外，用玻璃纸将模口封住。

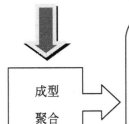

主要任务：完成棒材、板材的生产

将灌好的板材模具放在烘干箱中，恒温在40～50℃，保温5～7h，抽掉胶管，继续升温至90～100℃，保温1h，然后停止加热，自然冷却至40℃，取下模具，得到板材。

将灌好的棒材模具，放入恒温水浴锅中，升温到50℃恒温2h，60℃恒温2h，70℃时恒温1h，待聚合物变硬后，继续升温至90℃恒温0.5h，然后取出自然冷却，取下模具，得到棒材。

【归纳总结】

（1）仪器、设备需要预先干燥。

（2）预聚合时间控制要点：与甘油浓度接近，冷却。

（3）聚合温度的控制：取决于引发剂的分解温度。

（4）灌模方法：倾斜、顺畅、留余地、无气泡。

（5）成型方法：缓慢升温。

【综合评价】

对于任务一的评价见表2-2。

表 2-2 有机玻璃的生产项目评价表

序号	评价项目	评价要点
1	产品质量	无色透明
		表面光滑
		内无气泡与杂质
2	原料配比	单体量、引发剂量及其他助剂量
3	生产过程控制能力	温度控制范围
		预聚物黏度控制
		灌模方法
		聚合反应时间控制
4	事故分析和处理能力	是否出现生产事故
		生产事故处理方法

【趣味项目】

（1）彩色有机玻璃的生产：加入各种染色剂。

（2）荧光有机玻璃的生产：加入荧光剂（如硫化锌）。

（3）珠光有机玻璃的生产：加入人造珍珠粉（如碱式碳酸铅）。

【任务拓展】

以苯乙烯为单体进行本体聚合，生产聚苯乙烯板材及棒材。

任务二　PMMA 模塑粉的生产

PMMA 模塑粉是通过甲基丙烯酸甲酯的悬浮聚合制备的，可用压制成型方法制造假牙、牙托、假肢或其他模塑制品。PMMA 模塑粉生产原料及产品见图 2-4。

PMMA模塑粉　　　　　　生产原料　　　　　　PMMA模塑粉

图 2-4　PMMA 生产原料及产品示意

【任务介绍】

以甲基丙烯酸甲酯为原料，选择合适的引发剂、其他试剂及生产设备，确定配料比，在给定的时间内生产 PMMA 模塑粉。

产品质量要求：无色、透明、粒度大小符合要求。

【任务分析】

本次生产任务是生产 PMMA 模塑粉，应选择悬浮聚合来实现。根据悬浮聚合的体系组成来选择生产原料及生产设备，在生产中要充分考虑悬浮聚合的特点及影响因素，确保产品质量符合要求。

【必备知识】

一、PMMA 模塑粉制品展示

PMMA 模塑粉是通过甲基丙烯酸甲酯的悬浮聚合得到的无色透明颗粒，按粒度的大小得到不同用途的合成产品，用在不同的加工成型中，可得到性能及用途不同的塑料制品。PMMA 模塑粉制品展示见图 2-5。

热凝造牙粉

PMMA灯罩

PMMA烟灰缸

图 2-5　PMMA 制品展示

二、PMMA 模塑粉的性能及用途

1. PMMA 模塑粉的性能

PMMA 模塑粉比浇注型的聚甲基丙烯酸甲酯相对分子质量低，其他性能相近，也是无色透明。

2. PMMA 模塑粉的用途

悬浮法得到的聚甲基丙烯酸甲酯珠状树脂，颗粒直径小于 0.1mm，可作为牙托粉原料；颗粒直径在 0.2～0.5mm，作为模塑料可注射、模压和挤出成型，主要用于制汽车尾灯罩、交通信号灯罩、工业透镜、仪表盘盖、控制板、设备罩壳等。

三、PMMA 模塑粉的生产工艺

1. PMMA 模塑粉的生产原理

甲基丙烯酸甲酯的悬浮聚合与本体聚合所遵循的聚合反应原理相同，均属自由基聚合反应。

2. PMMA 模塑粉的生产特点

甲基丙烯酸甲酯的悬浮聚合属典型的均相聚合反应，产物是无色透明、坚硬、光滑的圆珠球状粒子。25℃时，聚合反应过程中体积收缩率达到 23％左右，当转化率达 20％～70％阶段，均相反应体系的单体液滴中因溶有大量聚合物而黏度很大，凝聚黏结的危险性很大，很容易产生"爆聚"现象，生产中要严加控制聚合温度。

3. PMMA 模塑粉的生产工序

PMMA 模塑粉的生产过程采用间歇法生产，图 2-6 所示为 PMMA 模塑粉的生产流程框图。

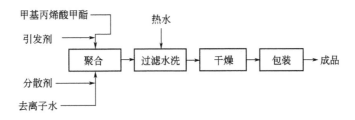

图 2-6　PMMA 模塑粉的生产流程示意

4. PMMA 模塑粉的生产控制因素

甲基丙烯酸甲酯的悬浮聚合反应中,单体纯度、水油比、聚合反应温度、聚合反应时间、聚合反应压力、搅拌速率等对聚合过程及产品质量都有影响,掌握这些变化规律才能进行平稳操作及生产合格的产品。

(1) 单体纯度　杂质主要影响聚合反应速率及产品质量。随单体合成方法的不同,所含杂质也不一样。在甲基丙烯酸甲酯中,常见的杂质有甲醇、乙醇等低级醇类及低级醚类、酮类等,当含量超过 0.01% 时就有明显的影响,能使悬浮聚合体系中出现聚合物胶液及乳胶滴增大黏结的倾向,也能造成聚合物粒子内部产生气泡。

(2) 水油比　悬浮聚合体系中的水油比是指水的用量与单体用量的质量比。水油比的大小将直接影响聚合物粒子的大小。水油比大,利于反应热的移出,易于操作控制。但过多水量也会降低聚合设备的利用率。工业上,水油比大小要依据产品用途可控制在 (1:1)~(6:1)。

(3) 聚合反应温度　悬浮聚合的反应温度是由单体、引发剂的性质及产品的性能来确定的。理论上,选择在接近单体或水的沸点条件下进行聚合,反应速率较快,但产物不规则,部分粒子内部会含有气泡。因此,工业上多数悬浮聚合是在单体和水的沸点以下常压操作的。

(4) 聚合反应压力　加压聚合对反应器的强度和搅拌器的密封要求更高。因此,通常采用常压下进行。

(5) 聚合反应时间　单体纯度、引发剂类型和用量、聚合反应温度、聚合反应压力都能影响聚合时间。但转化率大于 90% 以后,聚合物粒子中单体浓度已很低,聚合速率大大下降。这时结束反应回收单体,可缩短反应时间。

(6) 聚合反应核心设备　聚合反应器是聚合反应的核心设备,其类型有很多种。悬浮聚合一般为间歇式生产,大都是采用带夹套和搅拌器的釜式反应器。搅拌在悬浮聚合中极为重要,搅拌的目的是使单体均匀分散,并悬浮成微小的液滴。悬浮聚合时,搅拌器的转速与生产品种及操作条件有关。生产上,只要采用适当的转速,不仅可降低能耗,而且可减少结垢并使聚合物颗粒形态均匀。

(7) 粘釜物　在悬浮聚合过程中,很容易在釜壁上形成粘釜物,主要是由于聚合中形成的低聚物或在搅拌中飞溅碰撞釜壁的聚合物粒子造成的。粘釜物的存在会导致釜壁热导率降低,影响传热效果。此外,如果树脂中混入粘釜物后,在加工时不易塑化,在制品中则呈现不透明的细小粒子。生产中常把这种不塑化的粒子称为"鱼眼","鱼眼"会影响产品质量,因此必须采取一系列措施预防结垢和清除粘釜物。工业上,常采用的措施有:

① 使聚合釜内壁金属钝化。

② 添加水相阻聚剂,终止水相中的自由基。如在明胶为分散剂的体系中加入亚硝基 R 盐、亚甲基蓝或硫化钠等。

③ 釜内壁涂布某些极性有机化物,防止金属表面发生引发聚合或大分子活性链接触。如用醇溶黑作为釜壁涂层。

④ 定期清釜。

(8) 产物后处理　悬浮聚合之后,一般得到 20%~42% 固体含量的悬浮液,其中大量为水分,需要将聚合物与水进行分离,聚合物粒子经洗涤、干燥,即得成品。

【任务实施】

主要任务：完成仪器的选择、清洗

生产设备：恒温水浴锅、四口瓶、球形冷凝器、表面皿、温度计、烧杯、量筒、搅拌装置。

公用设备：烘箱、天平、真空抽滤装置、标准筛。

主要任务：完成单体、引发剂、分散剂及助剂的选择及配制 （总物料量200g）

单体：甲基丙烯酸甲酯(分析纯)。

引发剂：偶氮二异丁腈或过氧化二苯甲酰(分析纯)。

分散剂：明胶溶液(自制)或聚乙烯醇溶液。

分散介质：去离子水。

助剂：水相阻聚剂(亚甲基蓝或硫化钠)。

主要任务：完成生产装置的安装、调试及加料操作

安装与调试：如图所示安装，调试搅拌器运转达正常。

加料顺序：(1)配制分散剂溶液。

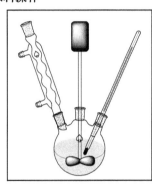

(2)将配好的分散剂溶液、蒸馏水加到四口瓶中。

(3)启动搅拌，搅拌均匀，停止。

(4)用烧杯加入单体与引发剂，溶解，加入四口瓶中。

主要任务：完成PMMA模塑粉的生产操作

观察现象：油水分层，有两相界面。

缓慢开动搅拌器，待油状透明珠粒大小达到要求的直径后，开始加热温度控制在70℃，然后加入1～2滴左右的1.0%的亚甲基蓝指示剂，反应1h后升温至80℃恒温反应3h，待颗粒变硬，再升温至90℃，反应结束。

主要任务：完成产物的后处理（洗涤、过滤、干燥、筛分）操作，得到合格产品

洗涤：将产物倒入烧杯，沉淀分层，倒出上层液体，余下用热水洗涤，注意不要把颗粒冲洗出去，洗至清晰为止，观察颗粒是否均匀透明。

过滤：将含有颗粒的液体抽滤，倒入表面皿中。

烘干：将表面皿放置烘箱，调温控100℃，干燥4h左右。

筛分：用标准筛筛分颗粒，得合格产品。

【归纳总结】

(1) 生产装置：安装要平稳，搅拌顺畅。

(2) 加料：按顺序完成。

(3) 聚合温度的控制：取决于引发剂的分解温度，严格控制防"爆聚"。

(4) 搅拌控制：控制搅拌速率来控制产物粒度大小。

(5) 后处理：热水洗净，烘干。

【综合评价】

对于任务二的评价见表 2-3。

表 2-3　PMMA 模塑粉的生产项目评价表

评价项目	评价要点	评价项目	评价要点
产品质量	无色透明	生产过程控制能力	温度控制范围
	颗粒均匀		搅拌速率的控制
			聚合反应时间的控制
	颗粒大小符合质量要求,产率高		后处理方法
原料配比	单体量、引发剂量及其他助剂量	事故分析和处理能力	是否出现生产事故
			生产事故处理方法

【趣味项目】

尝试加入染色剂生产彩色 PMMA 模塑粉。

【任务拓展】

以苯乙烯为单体实施悬浮聚合，生产颗粒状聚苯乙烯树脂。

任务三　甲基丙烯酸甲酯-苯乙烯悬浮共聚物的生产

甲基丙烯酸甲酯-苯乙烯悬浮共聚物（MS）是制备透明高抗冲塑料——甲基丙烯酸甲酯-丁二烯-苯乙烯（MBS）的原料之一。可通过改变甲基丙烯酸甲酯-苯乙烯的含量组成来调节共聚物的折射率。MS 生产原料及产品示意见图 2-7。

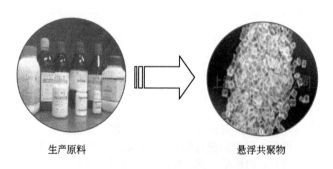

生产原料　　　　　　　　　　悬浮共聚物

图 2-7　MS 生产原料及产品示意

【任务介绍】

以苯乙烯和甲基丙烯酸甲酯为原料，选择合适的引发剂、其他试剂及生产设备，确定配料比，在给定的时间内，生产苯乙烯-甲基丙烯酸甲酯悬浮共聚物。

产品质量要求：无色、透明、粒度大小符合要求。

【任务分析】

本次生产任务是生产甲基丙烯酸甲酯-苯乙烯共聚物，甲基丙烯酸甲酯与苯乙烯的竞聚率很接近，很容易得到组分均一的共聚物。工业上可用本体法、悬浮法、溶液法和乳液法进行聚合。目前，最常用的是悬浮聚合工艺，产品为粒状树脂。根据悬浮共聚合的体系组成来选择生产原料配比及生产设备，在生产中要充分考虑悬浮共聚合的特点及影响因素，确保产品质量符合要求。

【必备知识】

一、甲基丙烯酸甲酯-苯乙烯悬浮共聚物制品展示

MS树脂是通过甲基丙烯酸甲酯和苯乙烯通过悬浮共聚合得到的无色透明颗粒，按粒度的大小得到不同用途的合成产品，用在不同的加工成型中，可得到性能及用途不同的塑料制品。MS悬浮共聚合制品展示见图2-8。

车辆灯具杯　　　　　　　　　MS塑料酒杯　　　　　　　　　印刷机部件

图2-8　甲基丙烯酸甲酯-苯乙烯悬浮共聚物制品展示

二、甲基丙烯酸甲酯-苯乙烯悬浮共聚物的性能及用途

1. 甲基丙烯酸甲酯-苯乙烯悬浮共聚物的性能

MS树脂除具有聚苯乙烯良好的加工流动性和低吸湿性外，还兼具甲基丙烯酸甲酯的耐候性和优良的光学性能。它的折射率为1.56，透明度与聚苯乙烯相近，是一种透明、无毒的热塑性塑料。MS树脂的冲击强度比聚苯乙烯高，热变形温度与甲基丙烯酸甲酯相近，与其他高分子树脂的相容性好，是一种很好的改性剂。

2. 甲基丙烯酸甲酯-苯乙烯悬浮共聚物的用途

MS树脂的主要用途是作食品包装容器、罐头内衬、医疗器具、文具用品、玩具、鞋底、胶黏剂，以及用来与聚苯乙烯、聚烯烃、聚氯乙烯等塑料进行共混改性，也可用作透明罩壳、车用灯罩、电气零件、办公机器的打印部件、家用电器的铭牌、开关配件以及其他各种日用品等。

三、甲基丙烯酸甲酯-苯乙烯悬浮共聚物的生产工艺

1. 甲基丙烯酸甲酯-苯乙烯悬浮共聚物的生产原理

甲基丙烯酸甲酯-苯乙烯聚合遵循自由基共聚合反应原理，聚合反应式如下：

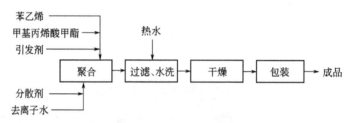

2. 甲基丙烯酸甲酯-苯乙烯悬浮共聚物的生产特点

甲基丙烯酸甲酯-苯乙烯的悬浮聚合属典型的均相聚合反应，产物是无色透明、坚硬、光滑的圆珠球状粒子。通常情况下聚合温度较高，比较适合选择碳酸镁和碳酸钙等无机粉状分散剂。聚合反应过程中存在体积收缩率现象，体系黏度也很大，有凝聚黏结的危险，易产生"爆聚"现象，生产中要严加控制聚合温度。

3. 甲基丙烯酸甲酯-苯乙烯悬浮共聚物的生产工序

生产过程采用间歇法生产，如图 2-9 所示的为甲基丙烯酸甲酯-苯乙烯悬浮共聚物的生产流程框图。

苯乙烯 ────┐
甲基丙烯酸甲酯 ──┤　　　　　　热水
引发剂 ────┘

［聚合］→［过滤、水洗］→［干燥］→［包装］→ 成品

分散剂 ───┐
去离子水 ──┘

图 2-9　甲基丙烯酸甲酯-苯乙烯悬浮共聚物的生产流程示意

4. 甲基丙烯酸甲酯-苯乙烯悬浮共聚物的生产控制因素

甲基丙烯酸甲酯-苯乙烯悬浮共聚物的生产控制与均聚物的悬浮聚合相似，单体的纯度、水油比、聚合反应温度、聚合反应压力、搅拌速率等对聚合过程及产品质量都有影响。可参照均聚物的生产过程加以控制。

【任务实施】

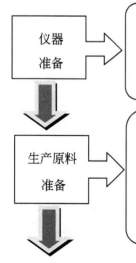

主要任务：完成仪器的选择、清洗
生产设备：恒温水浴锅、四口瓶、球形冷凝器、表面皿、温度计、烧杯、量筒、搅拌装置。
公用设备：烘箱、天平、真空抽滤装置。

主要任务：完成单体、引发剂、分散剂及其他试剂的选择及配制(总物料量200g)
单体：甲基丙烯酸甲酯(分析纯)、苯乙烯(分析纯)。
引发剂：偶氮二异丁腈(分析纯)或过氧化二苯甲酰(分析纯)。
分散剂：碳酸镁或聚乙烯醇。
分散介质：去离子水。

主要任务：完成生产装置的安装、调试及加料操作

安装与调试：如图所示安装，调试搅拌器运转达正常。

加料顺序：(1)配制分散剂溶液　将去离子水和碳酸镁加入四口瓶，搅拌，水浴加热至90℃，保持0.5h均匀分散后，冷却至70℃，备用。

　(2)配制单体、引发剂　用烧杯加入定量甲基丙烯酸甲酯、苯乙烯及引发剂，溶解，备用。

主要任务：完成MS树脂的生产操作

观察现象：油水分层，有两相界面。

　缓慢开动搅拌器，待油状透明珠粒大小达到要求的直径后，开始加热，温度控制在70～75℃，反应0.5h后升温至90℃，恒温反应2h，待颗粒变硬，再升温至95℃，反应结束，停止搅拌。

主要任务：完成产物的后处理（洗涤、过滤、干燥、筛分）操作，得到合格产品

洗涤：降温出料，倒入烧杯，沉淀分层，用热水洗涤，注意不要把颗粒冲洗出去，洗至清晰为止，观察颗粒是否均匀透明。

过滤：将含有颗粒的液体真空抽滤，倒入表面皿中。

烘干：将表面皿放置烘箱，调温控60℃，干燥2h左右，得到无色透明的MS树脂粒料。

【归纳总结】

（1）生产装置：安装要平稳，搅拌顺畅。
（2）原料配方：共聚反应要考虑单体的竞聚率，选择合适的配方。
（3）聚合温度的控制：取决于引发剂的分解温度，严格控制防"爆聚"。
（4）搅拌控制：控制搅拌速率来控制产物粒度大小。
（5）后处理：热水洗净，烘干。

【综合评价】

见任务二。

【趣味项目】

尝试加入染色剂生产彩色甲基丙烯酸甲酯-苯乙烯悬浮共聚物。

【任务拓展】

以苯乙烯、丁二烯及甲基丙烯酸甲酯为单体实施聚合反应，生产 MBS 树脂，该树脂是 PVC 的改性剂。

任务四　乳白胶的生产

乳白胶是通过醋酸乙烯酯的乳液聚合制备的，又称聚醋酸乙烯酯乳液胶黏剂，它是一种黏结力强、黏度适中、无毒、无腐蚀、无污染的现代绿色环保型胶黏剂，用途十分广泛。乳白胶生产原料及产品见图 2-10。

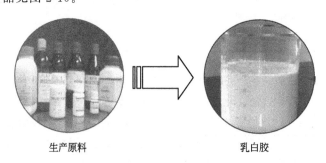

生产原料　　　　　　　　　　　乳白胶

图 2-10　乳白胶生产原料及产品示意

【任务介绍】

以醋酸乙烯酯为原料，选择合适的引发剂、其他试剂及生产设备，确定配料比，在给定的时间内，生产乳白胶。

产品质量要求：乳白色黏稠液体。

【任务分析】

醋酸乙烯酯的聚合遵循自由基聚合反应机理，可以选择本体聚合、溶液聚合、悬浮聚合和乳液聚合四种工业实施方法来实现产品的生产，通常依据产品的用途来选择。本次生产任务是生产乳白胶，应选择乳液聚合来实现。根据乳液聚合的体系组成来选择生产原料及生产设备，在生产中要充分考虑乳液聚合的特点及影响因素，确保产品质量。

【必备知识】

一、乳白胶制品展示

乳白胶根据要求和用途区分为强力乳白胶（RF701）、乳白胶Ⅰ型（RF601）、乳白胶Ⅱ型（RF642）等型号，用于不同的行业。乳白胶制品展示见图 2-11。

二、乳白胶的性能及用途

1. 乳白胶的性能

聚醋酸乙烯酯乳液具有能耐高温又能耐低温、黏结层坚而韧、机械稳定性优良、抗微生物侵蚀、耐氧化、环境友好及成本低等优点，缺点是耐水性和抗蠕变性能差，可通过与其他单体共聚得到改性。

乳白胶

乳白胶

图 2-11　乳白胶制品展示

2. 乳白胶的用途

乳白胶主要用在家具制造、木材加工、纸张加工、建筑装潢、皮革黏合、织物整理、涂料基础乳液、印刷装订、纸塑复合、标签等方面，是家庭装潢、建筑工程、广告、家具及板材加工、包装纸业等用胶的理想选择。

注意：存放于常温、通风、干燥的库房内，室温应保持在 5℃ 以上，若未一次性使用完，施工后请加盖密封，冬季应在 0℃ 以上运输，注意防冻。

三、乳白胶的生产工艺

1. 乳白胶的生产原理

（1）单体的性质及来源　纯净的醋酸乙烯酯是无色液体，具有甜的醚味；微溶于水，溶于醇、醛、丙酮、苯、氯仿等有机溶剂；易燃，其蒸气与空气可形成爆炸性混合物；遇明火、高热能引起燃烧爆炸；与氧化剂能发生强烈反应；极易受热、光或微量的过氧化物作用而聚合。主要用于生产聚乙烯醇树脂和合成纤维，也可生产多种用途黏合剂，还能与氯乙烯、丙烯腈、丙烯酸、乙烯等单体共聚制成不同性能的高分子合成材料。

目前，醋酸乙烯酯主要的生产方法主要有加成法和直接氧化法两种。

（2）生产原理　醋酸乙烯酯单体在过硫酸铵引发剂作用下的乳液聚合，按照自由基聚合反应机理进行。聚合反应式如下

$$CH_2{=}CH \longrightarrow \left[CH_2{-}CH \right]_n$$
$$\qquad |\qquad\qquad\qquad |$$
$$OCOCH_3 \qquad\qquad OCOCH_3$$

2. 乳白胶的生产特点

醋酸乙烯酯的乳液聚合机理与一般乳液聚合相同。采用水溶性的过硫酸盐为引发剂，聚合速率相对其他丙烯酸单体要慢些，为使反应平稳进行，单体和引发剂均需要分批加入，并且要适当增加滴加时间，否则会在滴加初期，单体转化为聚合物的量比较少，随着滴加的进行，就会在反应釜中积累很多单体，等到滴加后期或者保温阶段，就很容易发生"爆聚"。聚合中大多采用聚乙烯醇为稳定剂，含固量在 50% 左右，乳胶粒直径一般为 0.5～2μm。

3. 乳白胶的生产工序

乳白胶的生产过程采用间歇法生产，如图 2-12 所示的为乳白胶的生产流程框图。

4. 乳白胶的生产控制因素

乳液聚合反应中，影响聚合过程及产品质量的主要因素是乳化剂种类和用量、引发剂种类和浓度、搅拌速率、反应温度、加料方式等，掌握这些变化规律才能进行平稳操作，生产

合格产品。

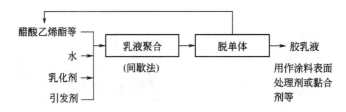

图 2-12 乳白胶的生产流程示意

（1）乳化剂 乳化剂种类和浓度主要影响乳胶粒直径及数目、聚合反应速率、产物相对分子质量及聚合物乳液的稳定性。

乳化剂种类不同，其临界胶束浓度、胶束大小及对单体的增溶性不同，会对乳胶粒直径及数目、聚合反应速率、产物相对分子质量产生一定的影响。

乳化剂浓度越大，按胶束机理生成的乳胶粒数目也就越多，乳胶粒数目越多，直径越小。当自由基生成速率一定时，乳胶粒数目越多，自由基在乳胶粒中的平均寿命就越长，自由基就有充足的时间进行链增长，所以可达到很大的相对分子质量；同时，乳胶粒数目越多，反应活性中心数目就越多，聚合速率也大。

（2）引发剂 乳液聚合选择无机过氧化物作引发剂，乳白胶的生产常采用过硫酸铵，引发剂浓度越大，乳胶粒数目越多，直径越小。

（3）搅拌速率 乳液聚合中，搅拌主要作用是把单体分散成单体珠滴，同时利于传质和传热。但搅拌速率不宜过大，否则会使乳胶粒子数目减少、乳胶粒直径增大及聚合反应速率降低，还会使乳液产生凝胶，甚至导致破乳。因此，应采用适当的搅拌速率。

（4）聚合反应温度 聚合反应温度对聚合反应速率、产物相对分子质量的影响规律与其他自由基聚合反应相似。对于乳液聚合而言，主要影响的是乳胶粒直径和数目及乳液的稳定性。反应温度提高，胶束成核速率增大，乳胶粒数目增多，粒径减小，使乳胶粒子之间进行碰撞而发生聚集的概率增大，从而导致乳液稳定性下降，甚至乳化剂将失去稳定作用而导致破乳。

（5）加料方式 乳液聚合大多数品种是间歇操作。加料方式有间歇加料、半连续加料和滴加等。间歇加料法由于单体浓度大，易产生自加速效应，聚合稳定性差。而半连续加料法和滴加法因聚合反应速率受单体滴加速率的控制，反应平稳易控。可根据具体产品的性能要求和工艺特点来选择合理的加料方式。

【任务实施】

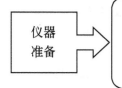

主要任务：完成仪器的选择、清洗
生产设备：恒温水浴锅、四口瓶、球形冷凝器、滴液漏斗、温度计、烧杯、量筒、搅拌装置。
公用设备：烘箱、天平。

生产原料
准备

> **主要任务：完成单体、引发剂、乳化剂及其他试剂的选择及配制(总物料量200g)**
>
> 单体：醋酸乙烯酯(分析纯)。
> 引发剂：过硫酸钾或过硫酸铵(分析纯)。
> 乳化剂：OP-10(聚乙二醇辛基苯基醚, 分析纯)。
> 分散介质：去离子水。
> 稳定剂：聚乙烯醇-1799。
> 增塑剂：邻苯二甲酸二丁酯(分析纯)。

乳白胶
生产准备

> **主要任务：完成生产装置的安装、调试及配料操作**
>
> 安装与调试：如图所示安装, 调试搅拌器运转达正常。
> 配料方法：(1) 配制10%聚乙烯醇溶液。在四口瓶中加入定量的聚乙烯醇和去离子水, 加热85℃左右, 至聚乙烯醇溶解呈现均匀透明, 冷却至65℃。
>
> (2) 将单体醋酸乙烯酯加入到滴液漏斗, 备用。
>
> (3) 量取邻苯二甲酸二丁酯、OP-10及过硫酸钾(溶于水中), 备用。
>
>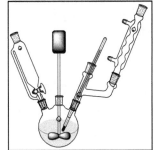

乳白胶
生产

> **主要任务：完成乳白胶的生产操作**
>
> (1) 向四口瓶中加入定量水及OP-10搅拌20min, 温度控制在66~68℃。
>
> (2) 加入占总量15%的单体和占总量40%的引发剂。搅拌10min, 升温到70℃, 控制回流。当回流消失后升温至80℃。滴加剩余单体。视回流快慢, 控制滴加速率约3~5h滴完, 并在此期间把余下引发剂的2/3分三次加入, 单体滴加完后, 加入剩余的引发剂, 再搅拌5min。
>
> (3) 升温至90℃, 保温30min, 冷却到50℃。加入DBP搅拌10min出料。

 【归纳总结】

（1）滴加单体, 控制滴加速率。
（2）分批加入引发剂。
（3）注意观察回流现象。
（4）严格控制反应各阶段的温度, 单体滴加时控制反应温度不变。
（5）发现有块状物出现, 一定要设法取出。

【综合评价】

对于任务四的评价见表2-4。

表 2-4　乳白胶的生产项目评价表

评　价　项　目	评　价　要　点
产品质量	乳白色黏稠液体
原料配比	单体量、引发剂量及其他助剂量
生产过程控制能力	温度控制方法
	搅拌速率的控制
	引发剂的加入方法
	单体的滴加速率
	回流现象的出现及控制
事故分析和处理能力	是否出现生产事故
	生产事故处理方法

【趣味项目】

尝试从乳白胶中分离出固体聚合物。

【任务拓展】

以聚乙烯醇缩乙醛酸作稳定剂进行醋酸乙烯酯的乳液聚合，可提高聚醋酸乙烯酯乳白胶的耐水性及粘接强度。

任务五　聚丙烯的生产工艺分析

聚丙烯是由丙烯聚合而制得的一种热塑性树脂，分子结构有一定的规整性，化学稳定性强，生产原料丰富，合成工艺和设备要求不苛刻，加工适应性好，具有广泛的应用。

【任务介绍】

某高职毕业生，被分配到某石化公司聚丙烯车间，见习期三个月，在车间生产技术人员的指导下，学习聚丙烯车间相关理论知识及岗位的生产操作，考核达标后，定岗，转为正式职工。

具体任务：（1）绘制聚丙烯生产工艺流程框图；

（2）分析主要生产岗位的任务及生产操作；

（3）识读聚丙烯装置的生产工艺流程图；

（4）聚丙烯装置仿真操作训练。

子任务一　绘制聚丙烯生产工艺流程框图

【任务分析】

初次接触聚丙烯的生产装置，要了解装置的基本情况，主要原料、产品与用途及装置的主要构成，能绘制出装置的工艺流程框图。聚丙烯生产原料及产品见图 2-13。

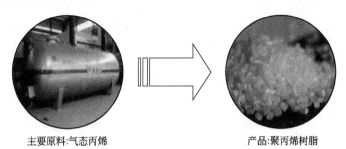

主要原料:气态丙烯　　　　　　　产品:聚丙烯树脂

图 2-13　聚丙烯生产原料及产品示意

【必备知识】

聚丙烯的聚合遵循配位聚合机理，在齐格勒-纳塔催化剂的作用下，可得到均聚产物或共聚产物。

一、聚丙烯制品展示

以聚丙烯树脂为原料，加入各种添加剂，按产品用途不同采用相应的加工方法，可以得到各种用途的聚丙烯塑料或纤维制品。聚丙烯制品见图 2-14。

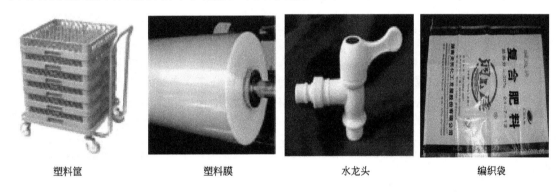

塑料筐　　　　　　塑料膜　　　　　　水龙头　　　　　　编织袋

图 2-14　聚丙烯制品展示

二、聚丙烯的性能及用途

1. 聚丙烯的性能

聚丙烯树脂是无味、无毒、白色蜡状颗粒，透明度高，重量轻，相对密度仅为 0.90～0.91，是最轻的通用塑料。结构规整，结晶度为 75%～85%。具有较高的机械强度、拉伸强度及硬度；具有良好的化学稳定性、热稳定性；电性能优良。缺点是耐低温冲击性差，容易老化，可通过添加抗氧剂、紫外线吸收剂或防老剂等来减缓。

2. 聚丙烯的用途

聚丙烯树脂具有优良的特性和加工性能，并易于通过共聚、共混、填充、增强等工艺措施进行改性，因此，被广泛应用于各个领域中。聚丙烯树脂的应用见图 2-5。

三、聚丙烯的生产工艺

1. 聚丙烯的生产原理

（1）单体的性质及来源　丙烯是一种无色易燃的气体，稍带有甜味，化学性质活泼，熔化点 -48℃，易发生氧化、加成、聚合等反应，是基本有机化工的重要基本原料。

表 2-5 聚丙烯树脂的应用

应用领域	应 用 实 例
化学工业	聚丙烯树脂具有良好的力学性能,可用来制造各种机器设备的零部件,改性后可制造工业管道、水管、电机风扇等
纺织工业	聚丙烯树脂是重要的合成纤维——丙纶的原料,可制作工业用无纺布、地毯、绳索、蚊帐,也可用于生产服装、香烟丝束等
建筑业	聚丙烯用玻璃纤维增强改性或用橡胶改性可制作建筑用模板,发泡后可作装饰材料
汽车制造业	改性聚丙烯可以制造汽车上的许多部件,如汽车方向盘、仪表盘、保险杠等
包装行业	聚丙烯树脂可拉制扁丝制成编织袋,广泛用于各种固体物料的包装;制作成各种薄膜用于食品外包装、糖果外包装、药品包装(输液袋)、服装外包装等
日常用品	可以制作家具如桌椅、盆、桶、浴盆等

工业上,丙烯主要由烃类裂解所得到的裂解气和石油炼厂的炼厂气分离获得。

(2)生产原理 丙烯的均聚及共聚合反应,按配位聚合反应机理进行。聚合反应式如下

$$nH_2C{=}CH{-}CH_3 \longrightarrow \begin{array}{c} {-}CH_2{-}CH{-}_n \\ | \\ CH_3 \end{array}$$

$$nH_2C{=}CH_2 + nH_2C{=}CH{-}CH_3 \longrightarrow \begin{array}{c} {-}CH_2{-}CH_2{-}CH_2{-}CH{-}_n \\ | \\ CH_3 \end{array}$$

① 引发剂活化反应,助引发剂(TEA)与 $TiCl_4$ 在载体表面反应,钛从 +4 价态被还原为 +3 价态,生成 TEA-$TiCl_4$ 配合物,Ti 是聚合反应的活性中心。

② 链引发反应,一个丙烯分子插入活性中心,形成一个聚丙烯链的开始。

③ 链增长反应,丙烯分子依次插入活性中心,聚合链从引发剂颗粒表面向外增长。

④ 链终止反应,加入链终止剂氢,氢原子插入活性中心,链的末端形成一个甲基（—CH_3）而使链终止。

2. 聚丙烯的生产特点

目前,聚丙烯的生产工艺按聚合类型可分为溶液法、淤浆法、本体法、气相法及本体-气相法组合工艺五大类。气相法是利用丙烯气流强烈搅拌来增大丙烯分子与引发剂分子接触的机会,从而提高引发剂效率。这里,仅以气相法为例来介绍聚丙烯的生产工艺。

气相工艺多采用带双螺带搅拌立式反应器,该反应器能够使引发剂在气相聚合的单体中分布均匀,尽可能使每个聚合物颗粒保持一定的钛/铝/给电子体的比例,以此解决气相聚合中气固两相之间不易均匀分布的问题。聚合反应器的散热方式是靠丙烯气的循环。液态丙烯用泵打入反应器,通过丙烯的气化吸收一部分聚合反应热,未反应的气态丙烯用水冷凝后使其液化,再用泵打回反应器使用。但由于该工艺采用搅拌混合形式,物料在聚合釜中的停留时间难以控制均匀,使产品相对分子质量变宽,产品中 Ti、Cl 离子和灰分增高,引发剂活性较低,用量相对较大,聚合物中残留的挥发性成分严重影响产品质量,因而得到的 PP 产品可能需要经过脱臭处理。

【任务实施】

生产装置简介

主要任务：了解装置生产技术、生产能力及主要岗位

　　本装置采用气相法生产聚丙烯，可生产多个品种的均聚物和共聚物。由丙烯精制装置送过来的丙烯，经干燥系统净化后，在聚合釜内引发剂的作用下，聚合反应生成聚丙烯。目前，单釜的年生产能力为20万吨。

　　本装置主要生产岗位有原料精制、引发剂配制、聚合反应、挤压造粒、包装等。

生产原料及性质

主要任务：了解生产原材料及性质

　　丙烯：主原料，O_2、H_2O、CO、CO_2、含氧化合物、含硫化合物等的存在将使引发剂破坏，其他烯烃和炔烃也会影响产品的等规度和结晶形态，因此，原料丙烯必须达到聚合级的要求。

　　氢气：链终止剂，控制聚合产物的相对分子质量，从而控制熔体指数。

产品及用途

主要任务：了解主要产品及用途

　　产品牌号：聚丙烯树脂在出厂前，会在产品说明书中标明产品的牌号，通常注明其熔体流动速率(MFR)、拉伸强度、弹性模量等性能参数及应用。选用时一定查阅产品说明书，了解牌号的级别、性质及用途，根据制品要求去选择。

　　例如：某种丙烯均聚物，作通用注塑，可选择MFR 2.1，拉伸强度33MPa，弹性模量1450MPa的产品，制作容器类制品；作纤维制品，可选择MFR 24，拉伸强度35MPa，弹性模量1500MPa，作地毯丝。

装置主要构成

主要任务：了解本装置的主要构成

　　主要岗位：丙烯精制、氢气压缩、氮气压缩、TEA、硅烷、过氧化物、添加剂(固体、熔融、液体)、引发剂、聚合反应、脱气吹扫、膜回收、粉料输送和粉料仓、挤出造粒、颗粒水分离和颗粒干燥、抽真空和废液、仪表风压缩、粒料输送和掺混、包装和码垛、载气压缩及公用工程。

绘制装置生产工艺流程框图

主要任务：绘制出气相法生产聚丙烯工艺流程框图

绘制要点：(1) 参照图1-6高聚物合成典型工艺过程；
　　　　　(2) 分析气相法生产聚丙烯生产工艺核心过程；
　　　　　(3) 确定生产的主原料、引发剂及辅助原料；
　　　　　(4) 了解产物分离的基本方法；
　　　　　(5) 考虑循环及回收过程。

子任务二　分析主要岗位工作任务

**【任务分析】**

在熟悉生产装置的基础上，能分析每个主要生产岗位的任务及生产操作方法。

【必备知识】

采用气相法可生产丙烯均聚物、无规共聚物、三元共聚物和高抗冲共聚物以及高刚性产品。

一、工艺路线特点

① 反应器类型：

采用立式搅拌床反应器，内装双螺带式搅拌器，产品不需要脱灰、不需要脱无规物、不需要脱氯过程。

② 聚合反应温度的控制：采用丙烯蒸发冷凝技术移出反应热。液体丙烯在反应器上部和底部喷入反应器用于控制反应温度，循环气体从反应器下部注入反应器。

③ 高产率的聚合循环，传热能力强。

④ 反应器上部气体进入旋风分离器将聚合反应细小颗粒脱出返回反应器，气体再经过滤器后进行冷却冷凝。

二、聚合反应设备

在聚合物生产中，聚合反应工序是最关键的过程，其设备是整个生产过程的核心设备。聚合反应设备种类很多，通常按结构分为釜式、管式、塔式、流化床及其他特殊结构类型的聚合反应器。其中，以釜式反应器的使用最为普遍，能占到 80% 以上，塔式和管式反应器应用较少。但无论哪种类型，其实质性问题都是物料的混合与流动及传热情况。

釜式聚合反应器的总体结构包括釜体、换热装置、搅拌装置、轴封装置及其他结构等五大部分，如图 2-15 所示。

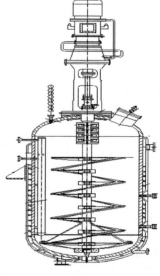

图 2-15　立式反应器示意

1. 釜体

釜式聚合反应器的材质多采用搪玻璃、不锈钢和复合钢板，规格主要有 $7m^3$、$13.5m^3$、$14m^3$、$30m^3$、$33m^3$、$75m^3$ 等，最大可达 $250m^3$。釜体类型有"矮胖型"（高径比小）和"瘦长型"（高径比大）。采用不锈钢和碳钢复合不锈钢制作，因其传热系数较高，应用比较广泛。

2. 换热装置

聚合釜为维持釜内物料的温度在规定的范围内，通常设置夹套，在此空间内通入流体，以加热或冷却物料。夹套传热是聚合釜的主要传热方式。有时为提高夹套的传热能力，可在夹套内安装螺旋导流板，或在夹套的不同高度等距安装扰流喷嘴，也可采用切线进水。聚合釜的传热方式除夹套传热和内冷件传热外，也可采用回流冷凝器及釜外物料循环传热等。

3. 搅拌装置

在釜式聚合反应器中，为实现釜内物料的流动、混合、传质、传热等各种作用，必须设置搅拌器。搅拌器的作用是提供搅拌过程所需的能量及适宜的物料流动状态，主要由搅拌轴、搅拌桨叶和连接件所组成。搅拌轴的转动通过传动装置的传动来实现。传动装置由电机、减速机通过联轴节组成。釜式聚合反应器内的搅拌装置一般还包括搅拌附件（如挡板、导流筒等）。根据桨叶结构类型及尺寸大小，不同搅拌器适用于不同的搅拌体系。图 2-16 列出了几种典型搅拌器的示意图。

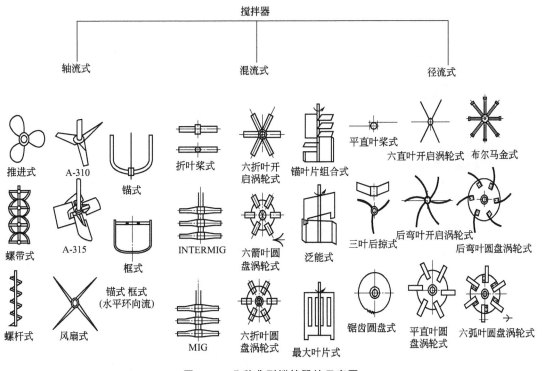

图 2-16　几种典型搅拌器的示意图

如桨式（平桨、斜桨）、透平式和推进式搅拌器因桨叶尺寸较小，搅拌转速较高，一般用于低黏度体系的搅拌；锚式、框式、螺带式和螺杆式搅拌器，桨叶尺寸较大（螺杆式搅拌器除外），搅拌转速较低，一般用于高黏度体系的搅拌；采用螺杆式搅拌器时，一般与螺带式搅拌器或导流筒配合使用；对于黏度极高的体系，还可采用带刮板的螺带式搅拌器或采用双层或多层搅拌桨叶，或根据需要采用两种或两种以上桨型的组合。

4.轴封装置

轴封装置主要指在搅拌轴与釜体间的动密封和在釜体法兰与各接管处法兰间的静密封。动密封有机械密封和填料密封两种。轴封是聚合釜唯一的动密封点,是釜式聚合反应器的重要组成部分。轴封的作用是保证聚合釜内处于一定的正压或真空度,防止反应物逸出或杂质渗入,轴封的好坏直接影响聚合釜的运行和生产,其泄漏不但会严重影响釜内的物料组成,影响产品质量,还会造成环境污染,增大能耗,甚至会造成火灾或爆炸的危险,将威胁安全生产。

5.其他装置

其他装置主要指各种用途的接管、人(手)孔及支座等。

三、合成树脂的后处理过程

经聚合后分离得到的粉末状高聚物,含有一定的水分和未脱除的少量溶剂,必须经过干燥脱除,才能得到干燥的合成树脂。聚合产物的出料可以采用两种方式,如图 2-17 所示。

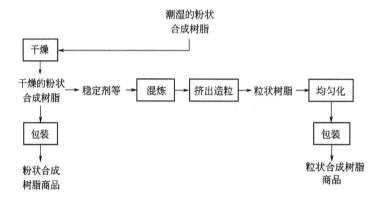

图 2-17 合成树脂的后处理示意图

【任务实施】

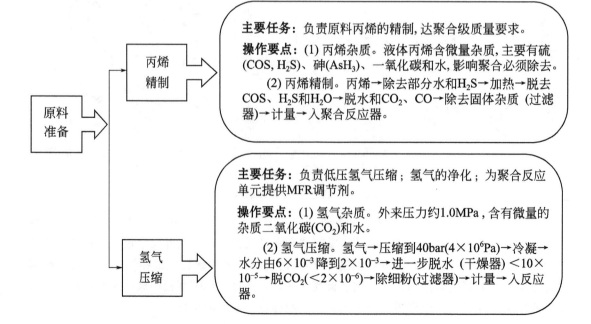

主要任务: 负责原料丙烯的精制,达聚合级质量要求。

操作要点: (1) 丙烯杂质。液体丙烯含微量杂质,主要有硫(COS, H_2S)、砷(AsH_3)、一氧化碳和水,影响聚合必须除去。

(2) 丙烯精制。丙烯→除去部分水和H_2S→加热→脱去COS、H_2S和H_2O→脱水和CO_2、CO→除去固体杂质 (过滤器)→计量→入聚合反应器。

主要任务: 负责低压氢气压缩;氢气的净化;为聚合反应单元提供MFR调节剂。

操作要点: (1) 氢气杂质。外来压力约1.0MPa,含有微量的杂质二氧化碳(CO_2)和水。

(2) 氢气压缩。氢气→压缩到40bar($4×10^6$Pa)→冷凝→水分由$6×10^{-3}$降到$2×10^{-3}$→进一步脱水 (干燥器) $<10×10^{-5}$→脱CO_2($<2×10^{-6}$)→除细粉(过滤器)→计量→入反应器。

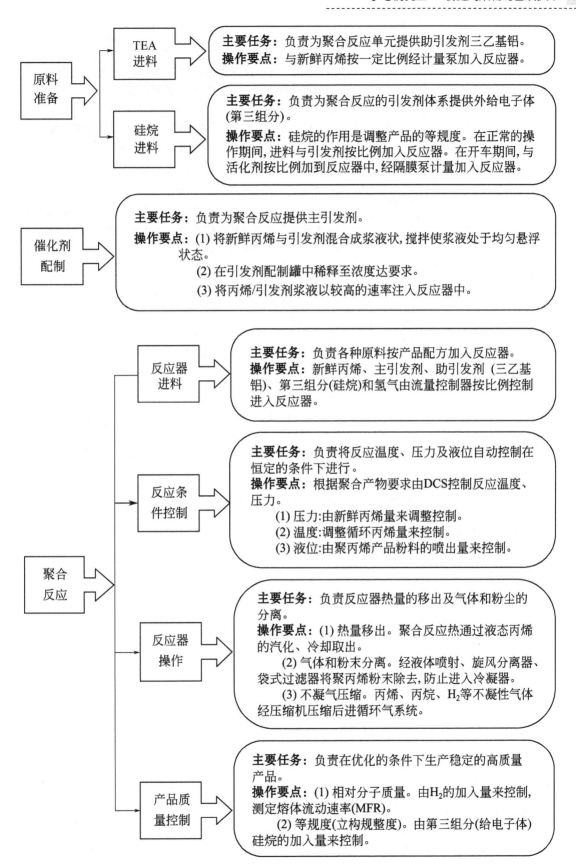

TEA 进料

主要任务: 负责为聚合反应单元提供助引发剂三乙基铝。
操作要点: 与新鲜丙烯按一定比例经计量泵加入反应器。

硅烷进料

主要任务: 负责为聚合反应的引发剂体系提供外给电子体(第三组分)。
操作要点: 硅烷的作用是调整产品的等规度。在正常的操作期间,进料与引发剂按比例加入反应器。在开车期间,与活化剂按比例加到反应器中,经隔膜泵计量加入反应器。

原料准备

催化剂配制

主要任务: 负责为聚合反应提供主引发剂。
操作要点: (1) 将新鲜丙烯与引发剂混合成浆液状,搅拌使浆液处于均匀悬浮状态。
(2) 在引发剂配制罐中稀释至浓度达要求。
(3) 将丙烯/引发剂浆液以较高的速率注入反应器中。

反应器进料

主要任务: 负责各种原料按产品配方加入反应器。
操作要点: 新鲜丙烯、主引发剂、助引发剂 (三乙基铝)、第三组分(硅烷)和氢气由流量控制器按比例控制进入反应器。

反应条件控制

主要任务: 负责将反应温度、压力及液位自动控制在恒定的条件下进行。
操作要点: 根据聚合产物要求由DCS控制反应温度、压力。
(1) 压力:由新鲜丙烯量来调整控制。
(2) 温度:调整循环丙烯量来控制。
(3) 液位:由聚丙烯产品粉料的喷出量来控制。

聚合反应

反应器操作

主要任务: 负责反应器热量的移出及气体和粉尘的分离。
操作要点: (1) 热量移出。聚合反应热通过液态丙烯的汽化、冷却取出。
(2) 气体和粉末分离。经液体喷射、旋风分离器、袋式过滤器将聚丙烯粉末除去,防止进入冷凝器。
(3) 不凝气压缩。丙烯、丙烷、H_2等不凝性气体经压缩机压缩后进循环气系统。

产品质量控制

主要任务: 负责在优化的条件下生产稳定的高质量产品。
操作要点: (1) 相对分子质量。由H_2的加入量来控制,测定熔体流动速率(MFR)。
(2) 等规度(立构规整度)。由第三组分(给电子体)硅烷的加入量来控制。

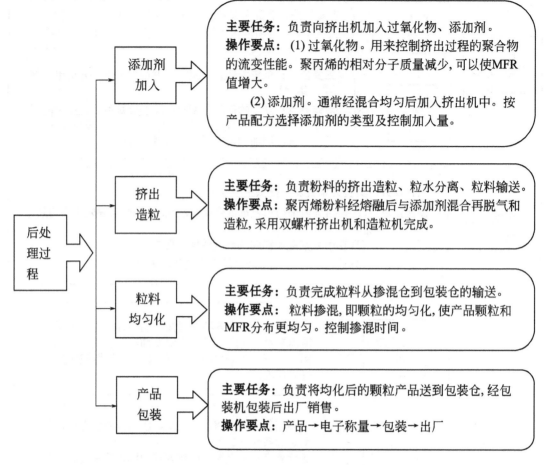

主要任务：负责向挤出机加入过氧化物、添加剂。
操作要点：(1)过氧化物。用来控制挤出过程的聚合物的流变性能。聚丙烯的相对分子质量减少,可以使MFR值增大。
　　　　(2)添加剂。通常经混合均匀后加入挤出机中。按产品配方选择添加剂的类型及控制加入量。

主要任务：负责粉料的挤出造粒、粒水分离、粒料输送。
操作要点：聚丙烯粉料经熔融后与添加剂混合再脱气和造粒,采用双螺杆挤出机和造粒机完成。

主要任务：负责完成粒料从掺混仓到包装仓的输送。
操作要点：粒料掺混,即颗粒的均匀化,使产品颗粒和MFR分布更均匀。控制掺混时间。

主要任务：负责将均化后的颗粒产品送到包装仓,经包装机包装后出厂销售。
操作要点：产品→电子称量→包装→出厂

子任务三　识读聚丙烯装置的生产工艺流程图

【任务分析】

在了解聚丙烯生产每个单元的岗位任务及操作要点的基础上,绘制并识读聚丙烯装置的生产工艺流程图,能准确描述物料走向。

【必备知识】

一、工艺流程简图的绘制方法

(1)按平面布置的大体位置,将各种工艺设备布置好。

(2)将正常生产工艺流程、辅助工艺流程的要求,用管道、管件和阀门等将工艺设备联系起来。

(3)为避免管线与管线、管线与设备间发生重叠,通常把管线画在设备的上方或下方。

(4)当管线与管线发生交叉时,应遵循竖断横连的原则在图上画出。

(5)各种设备在图上一般只需要用细实线画出大致外形轮廓或示意结构,设备大小只需大致保持设备间相对大小、设备之间相对位置即可。

(6)图中设备要进行编号,通常注在设备图形附近,也可直接注在设备图形内。

(7)在图下注明编号设备的名称。

二、工艺流程图的识读方法

聚丙烯装置生产工艺流程图如图 2-18 所示。

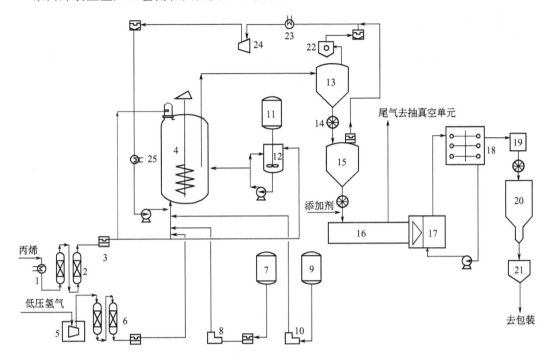

图 2-18　聚丙烯装置生产工艺流程图

1—预热器；2—原料处理器；3—过滤器；4—聚合釜；5—压缩机；

6—干燥器；7—硅烷储罐；8—隔膜泵；9—三乙基铝储罐；10—计量泵；

11—引发剂储罐；12—配制罐；13—粉料储罐；14—旋转进料器；15—粉料料仓；

16—螺杆挤出机；17—造粒机；18—旋转干燥器；19—分选器；20—掺混仓；

21—颗粒仓；22—旋风分离器；23—冷却器；24—压缩机；25—冷凝器

（1）了解合成高聚物的工业实施方法，确定聚合体系的主要原料及辅助原料；

（2）读图下注明编号设备的名称，找到主要设备——聚合釜；

（3）按照物料走向（箭头方向）反向找到主要原料及辅助原料；

（4）由聚合釜开始查找产物路线；

（5）按正常生产工艺流程、辅助工艺流程重新识读整体工艺流程。

【任务实施】

识读工艺流程图：

聚合釜进料	原料丙烯：1→2→3→4
	氢气：5→6→4
	硅烷：7→8→4
	三乙基铝：9→10→4
	引发剂：11→12→4
聚合釜出料	聚丙烯粉料：4→13→14→15→16→17→18→19→20→21
粉料脱气	未转化的丙烯气：13→22→23→24→25→4

子任务四　聚丙烯装置仿真操作训练

【任务分析】

利用北京东方仿真公司提供的聚丙烯装置仿真软件进行装置冷态开车、正常操作及事故处理操作的训练。聚丙烯聚合工段总貌图如图 2-19 所示。

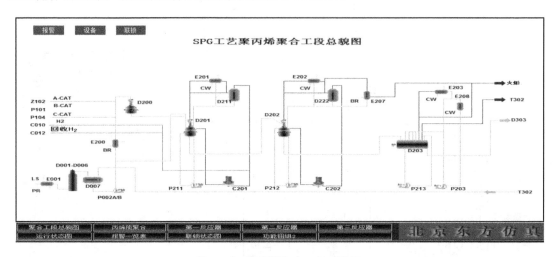

图 2-19　聚丙烯聚合工段总貌图

 【任务实施】

训练项目	操　作　内　容
冷态开车	(1)种子粉料加入 D203 (2)丙烯置换 (3)D201、D202、D203 置换 (4)D200、D201、D202 升压 (5)向 D200、D201、D202、D203 加液态丙烯 (6)给 D201 加入 H_2,循环至 D201、D202、D203 中 (7)向系统加引发剂
正常运行	控制压力、丙烯流量、液位、温度在设定值范围内,维持正常操作
正常停车	(1)停引发剂进料 (2)维持三釜的平稳操作 (3)D201、D202 排料 (4)放空
事故处理	低压密封油中断
	浆液管线不下料
	聚合反应异常
	D201 搅拌停
	高压密封油中断

【综合评价】

对于任务五的综合评价如表 2-6 所示。

表 2-6　项目评价表

评 价 项 目	评 价 要 点
绘制工艺流程框图	能反映出主要生产岗位
	能体现出主要物料走向
分析主要岗位生产任务	能指出聚丙烯生产主要岗位名称及岗位任务
	能分析主要岗位的操作要点及主要设备结构特征
识读生产工艺流程图	能描述生产装置的主要物料走向
	能识读整体工艺流程
装置仿真操作训练	能独立完成装置的开、停车操作训练任务
	在规定时间内,完成装置冷态开车操作,机考成绩达合格

【任务拓展】

查阅资料了解淤浆法生产聚丙烯的生产工艺。

任务六　聚乙烯的生产工艺分析

聚乙烯是由乙烯单体经自由基聚合或配位聚合而获得的聚合物,是目前世界上产量最大、品种最多的合成树脂品种,也是我国产量最大的通用树脂。按树脂的合成原理及合成工艺的不同,可分为高压低密度聚乙烯、低压高密度聚乙烯、线型低密度聚乙烯及中密度聚乙烯等多个品种,也逐渐发展了其改性产品,并应用到各个领域中。

【任务介绍】

某高职毕业生被分配某石化公司聚乙烯车间,见习期三个月,在车间生产技术人员的指导下,学习高密度聚乙烯车间相关理论知识及岗位的生产操作,考核达标后,定岗,转为正式职工。

具体任务:(1)绘制聚乙烯生产工艺流程框图;

(2)分析主要生产岗位的任务及生产操作;

(3)识读高密度聚乙烯装置的生产工艺流程图;

(4)掌握主要岗位的开、停车及事故处理操作。

子任务一　绘制高密度聚乙烯生产工艺流程框图

【任务分析】

初次接触高密度聚乙烯的生产装置,要了解装置的基本情况,主要原料、产品与用途及装置的主要构成,能绘制出装置的工艺流程框图。聚乙烯生产原料及产品如图 2-20 所示。

【必备知识】

低压高密度聚乙烯的聚合遵循配位聚合机理,在齐格勒-纳塔引发剂的作用下,可得到均聚或共聚产物。

一、聚乙烯制品展示

以聚乙烯树脂为原料,加入各种添加剂,按产品用途不同采用相应的加工方法,可以得到各种用途的聚乙烯塑料制品。高密度聚乙烯制品如图 2-21 所示。

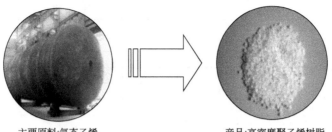

主要原料:气态乙烯　　　　　　　　产品:高密度聚乙烯树脂

图 2-20　聚乙烯原料及产品示意图

塑料瓶　　　　　　安全帽　　　　　　塑料管　　　　　超高相对分子质量
　　　　　　　　　　　　　　　　　　　　　　　　　　　　　　聚乙烯滑轮

图 2-21　聚乙烯制品展示

二、聚乙烯的性能及用途

1. 聚乙烯的性能

高密度聚乙烯（HDPE）树脂是乳白色半透明的蜡状固体颗粒，密度最大。由于主链上支链少而短，结晶度高，因此 HDPE 的力学性能和耐热性能均高于低密度聚乙烯（LDPE），在不受力情况下，最高使用温度为 100℃，最低使用温度为 -70～-100℃。化学性质与 LDPE 相似，具有良好的稳定性，但抗溶剂性能及耐酸性均比 LDP 好。尤其是抗透气性好，适合于制作防潮、防水蒸气散失的包装用品。

2. 聚乙烯的用途

高密度聚乙烯树脂可采用吹塑、挤出、注射等加工方法制造有关制品，并易于通过共聚、共混、填充、增强等工艺措施进行改性。高密度聚乙烯树脂的应用见表 2-7。

表 2-7　聚乙烯树脂的应用

应用领域	应用实例
吹塑制品	聚乙烯树脂具有良好的刚度及冲击强度,易加工,可制作用于装食品油、酒类、汽油及化学试剂等液体的包装
薄膜制品	聚乙烯树脂具有良好的挤压性、拉伸强度,可制作一般用途薄膜、垃圾袋及商用包装袋、重包装膜、撕裂膜、背心袋等
注塑制品	聚乙烯树脂具有良好的刚度及压紧强度,可制作板条箱、再生料箱、安全帽等
挤出制品	聚乙烯共聚物可以用于工业和采矿业的受压管、电线及电缆保护套料等
丝类制品	聚乙烯树脂也可用于压制单丝,制作工业滤网、丝线和打包带等

三、聚乙烯的生产工艺

1. 聚乙烯的生产原理

（1）单体的性质及来源　乙烯是最简单的烯烃，常温常压下是无色略带甜味的可燃性气体。乙烯几乎不溶于水，化学性质活泼，与空气混合能形成爆炸性混合物，是石油化工的一种基本原料。

乙烯由液化天然气、液化石油气、石脑油、轻柴油、重油等经裂解产生的裂解气中分出；也可以由焦炉煤气分出；还可以由乙醇催化脱水制得。

（2）生产原理 乙烯的均聚及共聚合反应，按配位聚合反应机理进行。聚合反应式如下

$$nH_2C=CH_2 \longrightarrow \text{+}CH_2-CH_2\text{+}_n$$

乙烯聚合可采用不同的引发剂得到不同的产品，聚合机理也稍有所不同，生产中，当要改变引发剂类型时，不需要清洗和特殊的操作，只需将原引发剂倒空就可装载新型的引发剂。

铬引发剂聚合机理：

① 链引发反应，在单体分子和引发剂活性位置之间形成第一个 Cr—C 化学键。

② 链增长反应，通过插入一个新的单体进入已经存在的 Cr—C 键。与一个新的单体结合后，发生重排，最初的 Cr—C 键和烯烃双键被打开，同时一个新的 Cr—C 键和 C—C 单键产生。

③ 链转移反应，控制树脂的平均相对分子质量需要释放达到了要求相对分子质量的聚合链。然后在活性位置上重新开始一个新的聚合物分子增长，形成长支链。

④ 链终止反应，阻止活性中心进行更进一步的聚合，使活性中心死亡。

乙烯聚合的共聚单体可以是 1-己烯或 1-丁烯，加入量依据产品的不同牌号而定。对于共聚产品，由于共聚单体的插入导致短支链的形式，增加了整个树脂的无定形含量，从而降低了密度。控制聚合物密度的主要参数是共聚单体的含量。

齐格勒-纳塔引发剂聚合机理：

① 引发剂活化反应，Al-Ti 盐与有机铝（TEAL，R—M）合成形成活性中心。

② 链引发反应，一个乙烯分子插入活性中心，形成一个聚乙烯链的开始。

③ 链增长反应，给电子体乙烯分子与缺电子活性中心作用，在金属和引发链中插入烯烃。

④ 链终止反应，加入链终止剂氢，氢原子插入活性中心，链的末端形成一个甲基（—CH_3）而使链终止。

⑤ 单体和共聚单体都能与活性中心反应。当共聚单体插入后，形成短支链。

2. 聚乙烯的生产特点

乙烯的聚合方法按所采用的压力高低分为高压法、中压法和低压法，所得聚合物相应地被称为高压聚乙烯、中压聚乙烯及低压聚乙烯。高压聚乙烯是经自由聚合而得，密度较低，称为低密度聚乙烯（LDPE）；中压法和低压法都属于配位聚合，所生产的聚乙烯密度较高，称为高密度聚乙烯（HDPE）。这里，仅以低压淤浆工艺法为例来介绍高密度聚乙烯的生产工艺。

（1）溶剂的选择 实现溶液聚合的最关键因素是溶剂的选择，直接影响聚合速率、产物相对分子质量、产物结构、聚合反应、溶剂回收及经济成本等。低压淤浆法生产高密度聚乙烯采用有机溶剂异丁烷作为实施聚合反应的溶剂。

（2）引发剂的使用 高密度聚乙烯装置可以通过采用两种引发剂来改变产品的牌号，如铬引发剂和齐格勒-纳塔引发剂。采用铬引发剂需要活化、干燥及精制，同时需要在氮气的保护下使用。

【任务实施】

生产装置简介

主要任务：了解装置生产技术、生产能力及主要岗位

本装置采用低压淤浆法生产聚乙烯,可生产多个品种的均聚物和共聚物产品。由乙烯精制装置送过来的乙烯,经干燥系统净化后,在聚合釜内引发剂作用下,聚合反应生成聚乙烯。目前,年生产能力为20万吨。

本装置主要生产岗位有引发剂配制、聚合反应、溶剂回收、挤出造粒、包装等。

生产原料及性质

主要任务：了解生产原材料及性质

乙烯：主原料,微量O_2、H_2O、CO、乙炔、含氧化合物、含硫化合物等存在将使引发剂破坏,其他烯烃和炔烃也会影响产品质量,因此,原料乙烯必须达到聚合级的要求。

氢气：链终止剂,控制聚合产物的相对分子质量,从而控制熔体指数。

异丁烷：溶剂(稀释剂)。

1-丁烯,1-己烯(丙烯)：共聚单体。

聚合机理

主要任务：了解高密度聚乙烯聚合的机理及特点

聚合机理：配位聚合。

特点：可进行引发剂的转换,获得不同产品。

产品及用途

主要任务：了解主要产品及用途

产品牌号：聚乙烯树脂在出厂前,会在产品说明书中标明产品的牌号,通常注明其熔体流动速率(MFR)、拉伸强度、弹性模量等性能参数及应用。选用时一定查阅产品说明书,了解牌号的级别、性质及用途,根据制品要求去选择。

例如,某种乙烯均聚物,作通用吹塑,可选择MFR 0.03,拉伸屈服应力27MPa,拉伸断裂应变500%,弯曲模量800MPa的产品。

装置主要构成

主要任务：了解本装置的主要构成

主要岗位：原料供应、原料精制、引发剂活化、引发剂给料、聚合反应、粉料脱气与输送、溶剂回收、挤出造粒、粒料输送以及公用工程及辅助设施等。

绘制装置生产工艺流程框图

主要任务：绘制出淤浆法生产高密度聚乙烯工艺流程框图

绘制要点：(1) 参照图1-6高聚物合成典型工艺过程;

(2) 分析淤浆法生产聚乙烯生产工艺核心过程;

(3) 确定生产的主原料、引发剂及辅助原料;

(4) 了解产物分离的基本方法;

(5) 考虑循环及回收过程。

子任务二　分析主要岗位工作任务

【任务分析】

在熟悉生产装置的基础上，能分析每个主要生产岗位的任务及生产操作方法。

【必备知识】

采用淤浆法生产乙烯均聚物或共聚物，可生产吹塑料、薄膜料、管材料、注塑料等不同牌号的多个产品。

一、工艺路线特点

（1）反应器类型　采用立式环管反应器，设备较少，投资成本低，细粉少和颗粒形态好，原料要求高。

（2）聚合反应温度的控制　反应过程中放出的热量利用夹套冷却水系统带走。

（3）工艺路线　原料以气相形式进入环管反应器，在一定反应条件及引发剂的作用下，以轴流泵为环管反应器中淤浆循环的推动力，进行自由基聚合反应生成聚乙烯。浆料中的溶剂异丁烷通过固体提浓及溶剂回收工序循环回反应器，通过粉料脱气工序将粉料中的微量溶剂脱除，干燥的粉料利用气体输送方式输送至造粒单元。

二、聚合反应设备

高密度聚乙烯生产可采用环管式反应器，也称循环反应器。聚合反应是在异丁烷溶剂的浆液中进行的，单体在溶剂中溶解，引发剂和其他反应单体以液相进入反应器。在溶剂中单体与引发剂接触，发生聚合反应产生白色 PE 粉末。反应放出大量的热量，这些热量通过溶剂传给反应器夹套层的冷却水进行冷却。

环管反应器是基于淤浆环管原理，在聚丙烯生产中也有所应用，如图 2-22 所示。这种反应器是由两个垂直管段和两个弧形管段构成椭圆形封闭回路，管段之间用法兰连接。直径较小，但比较长，管子末端彼此相连，形成一个较长的环管，通过轴流泵连续循环，轴流泵

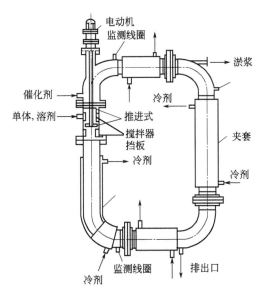

图 2-22　环管式聚合反应器

作为反应器的一部分安装在反应器的弯曲处，用来搅动反应器，是流体流动的推动器，反应器的温度由夹套里的循环水控制。

环管反应器传热系数大；单位体积传热面积大，单位体积产率高，单程转化率高，流速快，可使聚合物浆液搅拌均匀、引发剂体系均匀、聚合质量分布均一，而且不容易发生粘壁；环管反应器适合放热化学反应，反应条件容易控制；产品转换快，反应器内物料较短；结构简单、材质要求低。

三、合成树脂的后处理过程

与聚丙烯相似，经聚合后得到的聚乙烯树脂是粉末状高聚物，含有一定的水分和未脱除的少量溶剂，必须经过干燥脱除，才能得到干燥的合成树脂。

【任务实施】

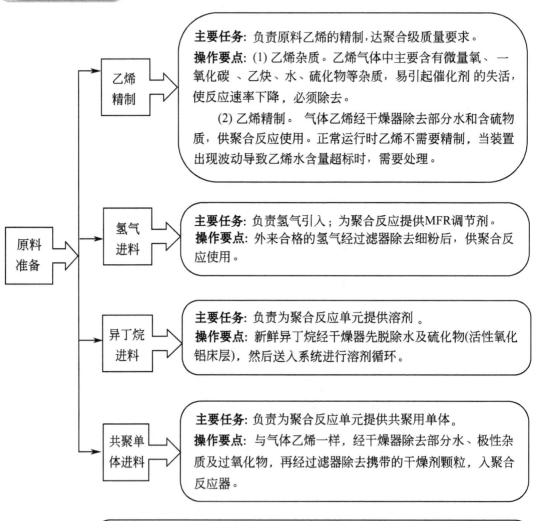

主要任务: 负责原料乙烯的精制,达聚合级质量要求。
操作要点: (1) 乙烯杂质。乙烯气体中主要含有微量氧、一氧化碳、乙炔、水、硫化物等杂质，易引起催化剂的失活，使反应速率下降，必须除去。
　　(2) 乙烯精制。 气体乙烯经干燥器除去部分水和含硫物质，供聚合反应使用。正常运行时乙烯不需要精制，当装置出现波动导致乙烯水含量超标时，需要处理。

主要任务: 负责氢气引入；为聚合反应提供MFR调节剂。
操作要点: 外来合格的氢气经过滤器除去细粉后，供聚合反应使用。

主要任务: 负责为聚合反应单元提供溶剂。
操作要点: 新鲜异丁烷经干燥器先脱除水及硫化物(活性氧化铝床层)，然后送入系统进行溶剂循环。

主要任务: 负责为聚合反应单元提供共聚用单体。
操作要点: 与气体乙烯一样，经干燥器除去部分水、极性杂质及过氧化物，再经过滤器除去携带的干燥剂颗粒，入聚合反应器。

主要任务: 负责为聚合反应提供催化剂。
操作要点: (1) 将催化剂在配制罐中用稀释剂配制成一定浓度，混合均匀，送入催化剂储罐，备用。
　　(2) 用浆料泵将催化剂浆液注入反应器中。

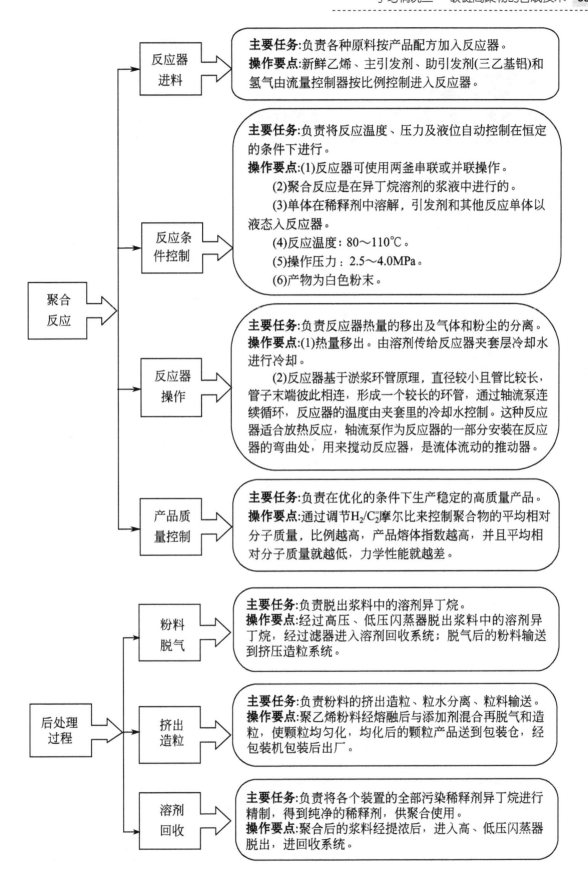

主要任务:负责各种原料按产品配方加入反应器。
操作要点:新鲜乙烯、主引发剂、助引发剂(三乙基铝)和氢气由流量控制器按比例控制进入反应器。

主要任务:负责将反应温度、压力及液位自动控制在恒定的条件下进行。
操作要点:(1)反应器可使用两釜串联或并联操作。
(2)聚合反应是在异丁烷溶剂的浆液中进行的。
(3)单体在稀释剂中溶解，引发剂和其他反应单体以液态入反应器。
(4)反应温度：80～110℃。
(5)操作压力：2.5～4.0MPa。
(6)产物为白色粉末。

主要任务:负责反应器热量的移出及气体和粉尘的分离。
操作要点:(1)热量移出。由溶剂传给反应器夹套层冷却水进行冷却。
(2)反应器基于淤浆环管原理，直径较小且管比较长，管子末端彼此相连，形成一个较长的环管，通过轴流泵连续循环，反应器的温度由夹套里的冷却水控制。这种反应器适合放热反应，轴流泵作为反应器的一部分安装在反应器的弯曲处，用来搅动反应器，是流体流动的推动器。

主要任务:负责在优化的条件下生产稳定的高质量产品。
操作要点:通过调节$H_2/C_2^=$摩尔比来控制聚合物的平均相对分子质量，比例越高，产品熔体指数越高，并且平均相对分子质量就越低，力学性能就越差。

主要任务:负责脱出浆料中的溶剂异丁烷。
操作要点:经过高压、低压闪蒸器脱出浆料中的溶剂异丁烷，经过滤器进入溶剂回收系统；脱气后的粉料输送到挤压造粒系统。

主要任务:负责粉料的挤出造粒、粒水分离、粒料输送。
操作要点:聚乙烯粉料经熔融后与添加剂混合再脱气和造粒，使颗粒均匀化，均化后的颗粒产品送到包装仓，经包装机包装后出厂。

主要任务:负责将各个装置的全部污染稀释剂异丁烷进行精制，得到纯净的稀释剂，供聚合使用。
操作要点:聚合后的浆料经提浓后，进入高、低压闪蒸器脱出，进回收系统。

子任务三　识读聚乙烯装置的生产工艺流程图

【任务分析】

在了解聚乙烯生产每个单元的岗位任务及操作要点的基础上，识读聚乙烯装置的生产工艺流程图，能准确描述物料走向。高密度聚乙烯装置生产工艺流程图如图 2-23 所示。

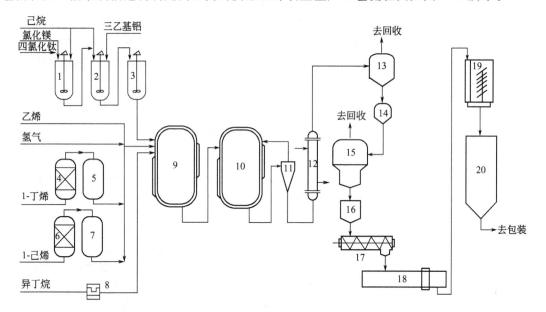

图 2-23　高密度聚乙烯装置生产工艺流程图

1～3—引发剂储罐；4,6—干燥器；5,7—缓冲罐；8—过滤器；9,10—环管式反应器；11—旋液分离器；
12—热交换器；13—高压闪蒸器；14—缓冲罐；15—低压闪蒸器；16—粉料仓；17—挤出机；
18—颗粒水箱；19—干燥器；20—掺混仓

【任务实施】

识读工艺流程图：

反应器进料	原料乙烯：→9	
	氢气：→9	
	异丁烷：8→9	
	引发剂：1→2→3→9	
	三乙基铝：2→3→9	
	1-丁烯：4→5→9	
	1-己烯：6→7→9	
反应器出料	聚乙烯粉料：9→10→11→12→13→14→15→16→17→18→19→20	
粉尘脱气	13→	
溶剂回收	15→	

子任务四　主要岗位的开、停车及事故处理

【任务分析】

进行装置冷态开车、正常操作的初步训练。

【任务实施】

训练项目	操作内容
引发剂单元	(1)作用:完成引发剂的配制及活化,提供给聚合单元 (2)开车操作:用压缩空气吹扫,氮气置换;打开阀门,确定系统正常运行;保持液位,启动搅拌 (3)正常操作:维持温度、时间及搅拌 (4)停车操作:引发剂活化系统停车 (5)系统连锁
聚合单元	(1)作用:完成低压高密度聚乙烯的聚合反应,得聚合物浆料 (2)开车操作:确认仪表联锁、设备和安全设施处于正常状态;检查反应器轴流泵密封、冷却水系统等;反应器试漏、置换;充装溶剂;升温、升压;注入单体及引发剂 (3)正常操作:维持轴流泵、淤浆泵、循环水泵、引发剂进料泵等的正常操作与切换;冷换设备的投用与切换 (4)停车操作:停引发剂注入;停共聚单体进料;注入CO;停单体进料;倒空反应器并置换;停粉料脱气;停溶剂回收 (5)系统联锁
造粒单元	(1)作用:完成聚乙烯颗粒的挤出及输送,得到合格产品 (2)开车操作:确认系统置换、气密试验完成;检查循环冷却水、精制水;投用粉粒输送系统 (3)正常操作:配制不同牌号所用添加剂;完成粒料掺混 (4)停车操作:自动停车;停止进料;停止主机;停止切粒机 (5)系统连锁

【综合评价】

对任务六的综合评价如表2-8所示。

表2-8　项目评价表

评价项目	评价要点
绘制工艺流程框图	能反映出主要生产岗位
	能体现出主要物料走向
分析主要岗位生产任务	能指出聚乙烯生产主要岗位名称及岗位任务
	能分析主要岗位的操作要点及主要设备结构特征
识读生产工艺流程图	能描述生产装置的主要物料走向
	能识读整体工艺流程
装置实际操作训练	能指出装置的开、停车操作训练任务
	能分析开、停车操作要点

【任务拓展】

查阅资料了解高压法生产低密度聚乙烯的工艺过程。

任务七　聚氯乙烯的生产工艺分析

子任务一　绘制聚氯乙烯生产工艺流程框图

聚氯乙烯（简称 PVC）是由氯乙烯单体经自由基聚合而获得的一种热塑性树脂，由于生产原料来源丰富、用途广泛，在通用塑料中占有重要的地位。

【任务介绍】

某高职毕业生被分配某石化公司聚氯乙烯车间，见习期三个月，在车间生产技术人员的指导下，学习聚氯乙烯车间相关理论知识及岗位的生产操作，考核达标后，定岗，转为正式职工。

具体任务：（1）绘制聚氯乙烯生产工艺流程框图；

（2）分析主要生产岗位的任务及生产操作；

（3）识读聚氯乙烯装置的生产工艺流程图；

（4）聚氯乙烯装置仿真操作训练。

【任务分析】

初次接触聚氯乙烯的生产装置，要了解装置的基本情况，主要原料、产品与用途及装置的主要构成，能绘制出装置的工艺流程框图。聚氯乙烯生产原料及产品见图 2-24。

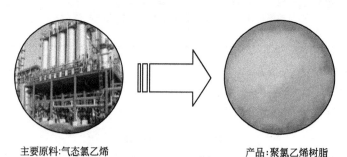

主要原料:气态氯乙烯　　　　　　　　产品:聚氯乙烯树脂

图 2-24　聚氯乙烯原料及产品示意

【必备知识】

聚氯乙烯的聚合遵循自由基聚合机理，生产上可采用的聚合工艺主要有本体、悬浮、溶液、乳液和微悬浮五种。目前，聚氯乙烯均聚及共聚产品大多数都是采用悬浮聚合工艺，得到的是粉状树脂，常用于生产压延和挤出制品；乳液聚合主要用来生产糊状树脂，用于人造革、壁纸、儿童玩具及乳胶手套等。这里，只介绍常见的悬浮法生产粉状聚氯乙烯树脂的工艺过程。

一、聚氯乙烯制品展示

以聚氯乙烯树脂为原料，加入各种添加剂，按产品用途不同采用相应的加工方法，可以得到各种用途的聚氯乙烯塑料或人造革。聚氯乙烯制品见图 2-25。

| 硬质PVC管材 | 塑钢门窗 | PVC接线板 | PVC人造革 |

图 2-25　聚氯乙烯制品展示

二、聚氯乙烯的性能及用途

1. 聚氯乙烯的性能

悬浮法生产的聚氯乙烯树脂是无色、无定形粉末。由于聚氯乙烯分子中含有极性强的氯原子，分子间力大，使聚氯乙烯制品的刚性、硬度及力学性能优异；但聚氯乙烯对光、热的稳定性较差，在不加入稳定剂的情况下，聚氯乙烯100℃时即开始分解，130℃以上分解更快，易发生降解反应，引起制品颜色的变化，变化顺序是：白色→粉红色→浅黄色→红棕色→黑褐色→黑色。

在聚氯乙烯树脂加工过程中，可根据不同的用途加入不同的添加剂，使聚氯乙烯塑料呈现不同的物理性能和力学性能。硬质聚氯乙烯具有较好的抗拉强度、抗弯强度、抗压强度和抗冲击能力，可作结构材料。软质聚氯乙烯具有较好的柔软性、断裂伸长率和耐寒性，但脆性、硬度及拉伸强度会降低，可作通用塑料。

2. 聚氯乙烯的用途

聚氯乙烯树脂可通过模压、层压、注塑、挤塑、压延、吹塑中空等方式进行加工。在聚氯乙烯树脂中加入适量的增塑剂，可制成多种硬质、软质和透明制品，如生产人造革、薄膜、电线护套等塑料软制品，也可生产板材、门窗、管道和阀门等塑料硬制品。聚氯乙烯树脂的应用见表 2-9。

表 2-9　聚氯乙烯树脂的应用

应用领域	应用实例
一般软制品	挤出成型可制成软管、电缆、电线等；注射成型可制成塑料凉鞋、鞋底、拖鞋、玩具、汽车配件等
薄膜制品	压延成型可制得包装袋、雨衣、桌布、窗帘、充气玩具、塑料大棚及地膜等
涂层制品	压延成型制得人造革可以用来制作皮箱、皮包、书的封面、沙发、汽车的坐垫、地板革等
泡沫制品	发泡成型可制得泡沫塑料，用作泡沫拖鞋、凉鞋、鞋垫及防震缓冲包装材料
透明片材	压延成型可制得透明的片材，用作薄壁透明容器或用于真空吸塑包装
硬板和板材	挤出成型可制得硬管、异型管、波纹管，用作下水管、饮水管、电线套管或楼梯扶手等
丝状制品	聚氯乙烯单丝可用于制作各种绳索、编织窗纱等
其他	仿木材料、代钢建材、中空容器等

三、聚氯乙烯的生产工艺

1. 聚氯乙烯的生产原理

（1）单体的性质及来源　氯乙烯单体在常温常压下是一种无色带有乙醚香味的气体，易液化，易发生氧化、加成、聚合等反应，是基本有机化工的重要基本原料。

工业上，氯乙烯主要通过乙炔路线、乙烯氧氯化路线和混合烯炔法三种途径获得。

（2）生产原理　氯乙烯的聚合反应，按自由基聚合反应机理进行。聚合反应式如下

$$n CH_2{=}\underset{\underset{Cl}{|}}{CH} \longrightarrow \left[CH_2{-}\underset{\underset{Cl}{|}}{CH} \right]_n$$

2. 聚氯乙烯的生产特点

将各种原料与助剂加入到反应釜内，在搅拌作用下充分均匀分散，然后加入适量的引发剂开始反应，并不断地向反应釜的夹套和挡板通入冷却水，达到移出反应热的目的，当氯乙烯转化成聚氯乙烯的百分率达到一定时，出现一个适当的压降，即终止反应出料，反应完成后的浆料经汽提脱析出内含单体氯乙烯后送到干燥工序脱水干燥。

在聚氯乙烯悬浮聚合过程中，如果选用不同的分散剂，可以得到颗粒结构和形状不同的紧密型和疏松型两种树脂。紧密型树脂呈乒乓球状，吸收增塑剂能力低，主要用于生产硬制品；疏松型树脂呈棉花团状，吸收增塑剂能力强，易塑化，成型时间短，加工操作方便，适用于粉料直接成型，因此，国内各树脂厂所生产的粉状聚氯乙烯树脂，大多数都是疏松型的。

【任务实施】

生产装置简介

主要任务：了解装置生产技术、生产能力及主要岗位
　　本装置采用悬浮法生产聚氯乙烯，可生产多个品种的均聚物和共聚物。由氯乙烯精制装置送过来的氯乙烯，经干燥系统净化后，在聚合釜内引发剂的作用下，聚合反应生成聚氯乙烯。目前，单釜的年生产能力为18万吨。

生产原料及性质

主要任务：了解生产原材料及性质
　　氯乙烯：主原料，O_2、H_2O、乙炔、铁离子等的存在将对聚合反应产生不利的影响，使聚合诱导期延长，反应速率减慢，产品的热稳定性变坏。因此，原料氯乙烯必须达到聚合级的要求。
　　去离子水：分散介质。
　　偶氮二异丁腈：引发剂，也可依半衰期选择偶氮类和有机过氧化物类复合型引发剂。
　　聚乙烯醇：分散剂，也可选择纤维素醚和聚乙烯醇复合型分散剂。

产品及用途

主要任务：了解主要产品及用途
　　产品牌号：聚氯乙烯树脂在出厂前，会在产品说明书中标明产品的牌号，通常聚合工艺配方、反应温度、反应压力等不同，得到的聚氯乙烯树脂相对分子质量不同，牌号不用，用途不同。选用时一定查阅产品说明书，了解牌号的级别、性质及用途，根据制品要求去选择。

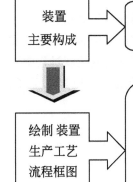

主要任务：了解本装置的主要构成
主要岗位：原料配制、聚合、汽提、离心脱水、干燥、包装等。

主要任务：绘制出悬浮法生产聚氯乙烯工艺流程框图
绘制要点：(1) 参照图1-6高聚物合成典型工艺过程；
　　　　　(2) 分析悬浮法生产聚氯乙烯工艺核心过程；
　　　　　(3) 确定生产的主原料、引发剂及辅助原料；
　　　　　(4) 了解产物分离的基本方法；
　　　　　(5) 考虑循环及回收过程。

子任务二　分析主要岗位工作任务

【任务分析】

在熟悉生产装置的基础上，能分析每个主要生产岗位的任务及生产操作方法。

【必备知识】

采用悬浮法生产聚氯乙烯树脂。

一、工艺路线特点

1. 特殊的沉淀聚合

由于聚氯乙烯在单体氯乙烯中溶解度很小，因此，当转化率小于 0.1% 时，聚氯乙烯或短链自由基就会从氯乙烯中沉淀出来。但单体能溶胀聚氯乙烯，只有单体相消失后，体系才只有聚合物，此时转化率约为 70%。

2. 原料纯度

氯乙烯聚合中原料不纯，很容易造成高分子支化、粘釜和产生"鱼眼"。"鱼眼"的实质是在聚合条件不当所形成的少量具有体型结构的高相对分子质量的聚氯乙烯树脂颗粒，但其吸收增塑剂的能力非常低，在加工条件下不能塑化，影响了产品的质量。"鱼眼"的形成与悬浮聚合配方、工艺及加工配方、工艺都有关，在生产中要分析其形成原因，减少和消除"鱼眼"的形成。聚氯乙烯树脂生产中可通过加入抗"鱼眼"剂如苯甲醚的叔丁基、羟基衍生物。

3. 聚合反应温度

聚氯乙烯树脂的相对分子质量的大小与引发剂浓度基本无关，主要取决于聚合反应温度。在较低温度下，聚氯乙烯的活性增长链向单体转移所需的活化能大于链增长的活化能，所以在较低的温度下有利于链增长。当温度升高时，聚氯乙烯活性大分子向单体进行链转移反应的速率常数比链增长反应速率常数增加得快，因而，反应温度成了决定聚氯乙烯相对分子质量的主要因素。为了获得良好质量的产品，对聚合温度的波动范围应有严格的控制，准确性要求很高，一般要控制在 ±(0.22～0.5)℃。

4. 终止剂

为了保证聚氯乙烯树脂的质量，在生产中往往需要加入终止剂使聚合反应在设定的转化率下终止。工业上常用的终止剂是丙酮缩氨基硫脲、双酚 A 等。

5．消泡剂

聚氯乙烯在聚合反应结束回收未反应的单体时，往往由于压降而引起气体体积的急剧膨胀和料层内液态单体的沸腾，使回收的气相单体夹带出许多树脂泡沫，影响传热，甚至造成管路堵塞。因此，生产中在配制分散剂溶液时加入消泡剂，可保证分散剂溶液配制过程中以及以后的加料、反应过程中，不至于产生泡沫。工业上常用的消泡剂有邻苯二甲酸二丁酯、羧酸甘油酯等。

6．碱处理

聚合得到的悬浮液需要送去碱处理，破坏残存的引发剂、分散剂、低聚物和挥发性物质，使其变成能溶于热水的物质，便于水洗清除。

二、聚合反应设备

采用立式搅拌床反应器，内装三叶后掠式搅拌器，这种搅拌器的容积循环速率和剪切作用很大，很适合聚合反应黏度逐渐增大的体系。

三、合成树脂的后处理过程

经聚合后分离得到的粉末状高聚物，含有一定的水分和未脱除的少量溶剂，必须经过干燥脱除，才能得到干燥的合成树脂。

【任务实施】

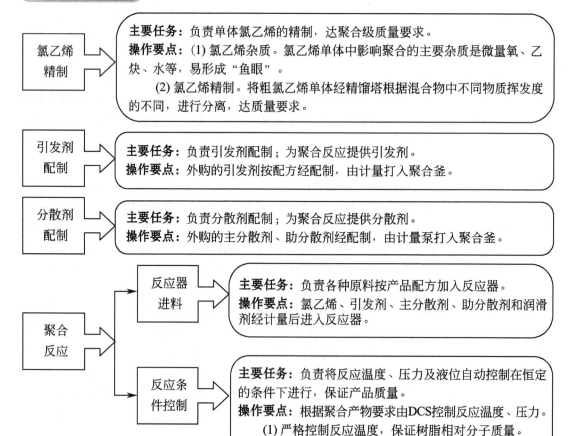

| 氯乙烯精制 | **主要任务**：负责单体氯乙烯的精制，达聚合级质量要求。
操作要点：(1) 氯乙烯杂质。氯乙烯单体中影响聚合的主要杂质是微量氧、乙炔、水等，易形成"鱼眼"。
(2) 氯乙烯精制。将粗氯乙烯单体经精馏塔根据混合物中不同物质挥发度的不同，进行分离，达质量要求。 |

| 引发剂配制 | **主要任务**：负责引发剂配制；为聚合反应提供引发剂。
操作要点：外购的引发剂按配方经配制，由计量打入聚合釜。 |

| 分散剂配制 | **主要任务**：负责分散剂配制；为聚合反应提供分散剂。
操作要点：外购的主分散剂、助分散剂经配制，由计量泵打入聚合釜。 |

聚合反应 → 反应器进料 → **主要任务**：负责各种原料按产品配方加入反应器。
操作要点：氯乙烯、引发剂、主分散剂、助分散剂和润滑剂经计量后进入反应器。

聚合反应 → 反应条件控制 → **主要任务**：负责将反应温度、压力及液位自动控制在恒定的条件下进行，保证产品质量。
操作要点：根据聚合产物要求由DCS控制反应温度、压力。
(1) 严格控制反应温度，保证树脂相对分子质量。
(2) 反应结束，加终止剂、消泡剂。
(3) 出料：浆料靠釜内压力和出料泵出料至混合槽。

主要任务：负责脱除浆料中残留未反应的氯乙烯单体、低分子物质和助剂，得到合格的聚氯乙烯浆料，送离心、干燥处理。

操作要点：(1) 采用塔式汽提工艺，具有节能、环保、操作简单等特点。

(2) 塔式汽提用水蒸气与聚氯乙烯浆料在塔板上连续逆流接触，进行充分的传质与传热。

(3) 水蒸气从汽提塔底部进入，浆料从塔顶进入，蒸气与脱析出来的氯乙烯从塔顶逸出，浆料从塔底出料。

浆料汽提

主要任务：负责将汽提处理的浆料，经离心机脱除大部分水分，送干燥处理，经振动筛分离后送料仓供包装。

操作要点：(1) 浆料经过滤器进入离心机分离，得到的湿树脂送入旋风干燥系统。

(2) 采用一级、二级旋风分离器，使干燥后的树脂含水率达质量要求。

旋风干燥

主要任务：负责将合格的聚氯乙烯树脂产品送到包装仓，经称重由包装机包装后出厂销售。

操作要点：产品→电子称量→包装→出厂。

产品包装

子任务三　识读聚氯乙烯装置的生产工艺流程图

【任务分析】

在了解聚氯乙烯生产每个单元的岗位任务及操作要点的基础上，识读聚氯乙烯装置的生产工艺流程图，能准确描述物料走向。聚氯乙烯装置生产工艺流程如图 2-26 所示。

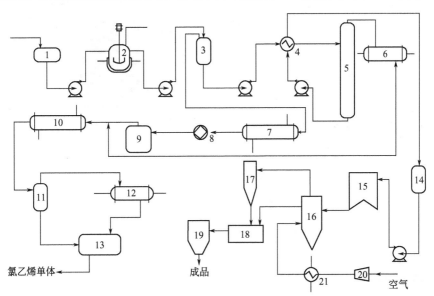

图 2-26　聚氯乙烯装置生产工艺流程

1—氯乙烯单体储罐；2—聚合釜；3—出料槽；4,21—换热器；5—汽提塔；6,7,10—冷凝器；

8—水循环真空泵；9—水分离罐；11,14—缓冲罐；12—冷却器；13—储罐；15—离心机；

16,17—旋风干燥器；18—旋转筛；19—料斗；20—鼓风机

【任务实施】

识读工艺流程图：

聚合反应	原料氯乙烯：1→2
	引发剂、分散剂、水等：→2
浆料汽提	聚合浆料：2→3→4→5
单体回收	未反应氯乙烯气体：3→7→8→9
	浆料中氯乙烯：5→6→10
	回收氯乙烯：10→11→12→13
树脂后处理	5→4→14→15→16→17→18→19→成品

子任务四　聚氯乙烯装置仿真操作训练

【任务分析】

利用北京东方仿真公司提供的聚氯乙烯装置仿真软件进行装置冷态开车、正常操作及事故处理操作的训练。聚氯乙烯聚合工段总貌图如图 2-27 所示。

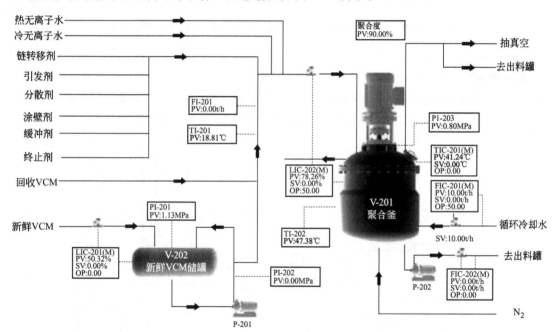

图 2-27　聚氯乙烯聚合工段总貌图

【任务实施】

训练项目	操作内容
脱盐水、真空系统、反应器等准备	调节阀门,控制液位 70％、投自动
聚合釜进料	加水,启动搅拌,加引发剂、分散剂、缓冲剂、单体,控制液位及进料量

续表

训练项目	操作内容
聚合釜温度	蒸汽加热,控制反应釜温度、压力,投自动
聚合釜出料	加终止剂,卸料
浆料成品处理	液位达要求后,启动出料泵、离心机
废水汽提	控制液位、调整蒸汽量
单体回收	控制压力、液位

 【综合评价】

对任务七的综合评价如表 2-10 所示。

表 2-10 项目评价表

评价项目	评价要点
绘制工艺流程框图	能反映出主要生产岗位
	能体现出主要物料走向
分析主要岗位生产任务	能指出聚氯乙烯生产主要岗位名称及岗位任务
	能掌握主要岗位的操作要点及主要设备结构特征
识读生产工艺流程图	能描述生产装置的主要物料走向
	能识读整体工艺流程
装置仿真操作训练	能独立完成装置的开、停车操作训练任务
	在规定时间内,完成装置冷态开车操作,机考成绩达合格

 【任务拓展】

查阅资料了解乳液法生产聚氯乙烯的生产工艺。

任务八　顺丁橡胶的生产工艺分析

顺丁橡胶是由 1,3-丁二烯单体经配位聚合而获得的高顺式聚合物,全称是顺-1,4-聚丁二烯橡胶,是目前世界上产量仅次于丁苯橡胶而居为第二位的一种通用橡胶。制造顺丁橡胶的引发剂种类较多,也可采用不同的工业实施方法获得,其中,以 Ni 系引发剂合成的顺丁橡胶的含量可达到 96%~98%,是当前橡胶中弹性最高的一种。

 【任务介绍】

某高职毕业生,被分配某石化公司顺丁橡胶车间,见习期三个月,在车间生产技术人员的指导下,学习顺丁橡胶车间相关理论知识及岗位的生产操作,考核达标后,定岗,转为正式职工。

具体任务:(1)绘制顺丁橡胶生产工艺流程框图;

(2)分析主要生产岗位的任务及生产操作;

(3)识读顺丁橡胶装置的生产工艺流程图;

（4）掌握主要岗位的开、停车及事故处理操作。

子任务一　绘制顺丁橡胶生产工艺流程框图

【任务分析】

初次接触顺丁橡胶的生产装置，要了解装置的基本情况，主要原料、产品与用途及装置的主要构成，能绘制出装置的工艺流程框图。顺丁橡胶生产原料及产品如图 2-28 所示。

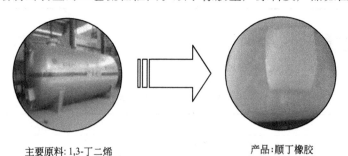

主要原料:1,3-丁二烯　　　　产品:顺丁橡胶

图 2-28　顺丁橡胶原料及产品示意

【必备知识】

顺丁橡胶的聚合遵循配位聚合机理，在齐格勒-纳塔引发剂的作用下，可得到高顺式的聚合产物。

一、顺丁橡胶制品展示

以顺丁橡胶为原料，加入各种配合剂，按产品用途不同采用相应的加工方法，可以得到各种用途的顺丁橡胶制品。顺丁橡胶制品展示如图 2-29 所示。

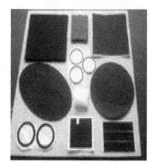

轮胎　　　　　　　　　胶带　　　　　　　　　垫片

图 2-29　顺丁橡胶制品展示

二、顺丁橡胶的性能及用途

1. 顺丁橡胶的性能

纯的顺丁橡胶是白色或乳黄色的块状物。经加工后的顺丁橡胶制品玻璃化温度低（-105℃），是所有通用橡胶中耐低温性能最好的一种。顺丁橡胶同天然橡胶和丁苯橡胶相比，耐磨性能优异；滞后损失和生热少；填充性好，利于降低成本；与其他橡胶的相容性好。缺点是拉伸强度和抗撕裂强度较低，用于胎面胶不耐刺、易刮伤；抗湿滑性较差，易打滑；加工性能较差。

2. 顺丁橡胶的用途

顺丁橡胶具有高弹性，被广泛应用于制造轮胎、胶鞋、胶布、传动带、胶管及其他各种橡胶工业制品。

三、顺丁橡胶的生产工艺

1. 顺丁橡胶的生产原理

（1）单体的性质及来源　1,3-丁二烯是一种无色稍带有香味的气体，易液化，有麻醉性，特别刺激黏膜。稍溶于水，溶于乙醇、甲醇，易溶于丙酮、乙醚、氯仿等。性质活泼，易起聚合反应，是制造合成橡胶（如丁苯橡胶、顺丁橡胶）的重要原料。

工业上，1,3-丁二烯主要通过丁烯氧化脱氢或轻油裂解制乙烯的副产物 C_4 馏分中抽提而得。

（2）生产原理　1,3-丁二烯的聚合反应，按配位聚合反应机理进行。聚合反应式如下

$$n CH_2 = CH - CH = CH_2 \longrightarrow \left[CH_2 - \overset{\overset{\displaystyle H}{|}}{C} = \overset{\overset{\displaystyle H}{|}}{C} - CH_2 \right]_n$$

链引发反应，单体丁二烯在引发剂作用下活化，形成活性中心，引发单体进行聚合。

链增长反应，带有单体的活性中心很活泼，能与更多的单体分子很快发生连锁反应，在极短的时间内形成了带有成千上万单体链节的活性长链高分子。

链终止反应，链增长到一定长度后，由于某种因素的影响，活性中心从增长的链上脱落或发生链转移，使原来的长链停止增长，变为无活性的聚丁二烯分子。

2. 顺丁橡胶的生产特点

生产顺丁橡胶所用的引发剂种类较多，目前，工业上主要是采用钛系、钴系、镍系及稀土体系四种，用于丁二烯聚合后的产物结构与性能相差较大，如表 2-11 所示。

表 2-11　典型引发剂所得聚丁二烯的结构与性能比较

引发体系	体系构成	微观结构含量/%			T_g/℃	凝胶含量/%	$\overline{M}_w$/×10⁴	HI	支化	灰分/%	冷流性	辊筒加工性能		
		顺-1,4-聚丁二烯	反-1,4-聚丁二烯	1,2-聚丁二烯								包辊性	成片性	自粘性
钛系	四氯化钛-三烷基铝-碘	94	3	3	-105	1~2	39	窄	少	0.17~0.2	中~大	差	可	良
钴系	二氯化钴-一氯二烷基铝	98	1	1	-105	1	37	较窄	较少	0.15	很小	可	中	良
Ni系	三烷基铝-环烷酸镍-三氟化硼乙醚配合物	97	1	2	-105	1	38	较窄	较少	0.10	很小	可	可	良
稀土	三价稀土-烷基卤化铝-三烷基铝	97	57.5	7.5	-93	1	28~35	很窄	很少	<0.1	中~很大	劣	中	差

钛系引发剂是顺丁橡胶工业化生产使用最早的引发剂，其优点是产品凝胶含量较低，充油和充炭黑量较多，但价高，产品相对分子质量分布窄，加工性能不好。

钴系引发剂是一种多功能引发剂。一般情况下，可合成高顺式 1,4-聚丁二烯，如果不用含卤素的 AlR_3 作助引发剂，则可制得 1,2-聚丁二烯，如果加入给电子试剂，又能合成高反式 1,4-聚丁二烯。缺点是易产生凝胶，产品加工性能不太好。

镍系引发剂的优点是顺-1,4-聚丁二烯的含量可高达98%，引发体系活性高，性能稳定，用量少，单程转化率高，聚合速率易于控制，所生成聚合物的凝胶含量少、支链少，相对分子质量分布宽，加工性能非常好。典型的Ni系引发剂中的主引发剂是环烷酸镍 $[Ni(OOCR)_2]$，助引发剂是三异丁基铝 $[Al(i\text{-}C_4H_9)_3]$，第三组分是三氟化硼乙醚配合物 $[BF_3OC_2H_5]$。

稀土系是一种新型引发剂，具有相对分子质量分布较宽，挂胶少，冷流件较小及引发剂资源丰富等特点。

目前，工业上常用的是镍系引发剂。

 【任务实施】

 生产装置简介

主要任务：了解装置生产技术、生产能力及主要岗位

本装置采用溶液聚合法生产顺丁橡胶。由精制装置送来的单体丁二烯和溶剂回收装置回收塔来的C_6油进入聚合釜内，在引发剂作用下，聚合反应生成顺丁橡胶。目前，年生产能力为6万吨。

本装置主要生产岗位有原料精制、引发剂配制，聚合，分离，后处理，回收等。

 生产原料及性质

主要任务：了解生产原材料及性质

丁二烯：主原料，纯度≥98%，水、乙腈、二聚物等存在将使引发剂破坏，其他烯烃和炔烃也会影响产品的等规度和结晶形态，因此，原料丁二烯必须达到聚合级的要求。

溶剂油（抽余油）：也必须达到聚合级规格。

环烷酸镍、三异丁基铝、三氟化硼乙醚配合物：达聚合级要求。

 **产品及用途**

主要任务：了解主要产品及用途

顺丁橡胶产品质量控制指标主要有挥发分、门尼黏度、拉伸强度、断裂伸长率等。其中，门尼黏度是最关键的。因为胶的门尼黏度与聚合产物的相对分子质量及分布密切相关，它是反映胶加工性能的一项重要指标。通常，门尼黏度升高，力学性能变好，加工性能变差，顺丁橡胶的门尼值一般控制在45～55之间。

在生产中，可通过调节陈化温度、相对分子质量调节剂、引发剂的加入量等方法来控制门尼黏度。

门尼黏度：是指在一定温度和压力下，胶样对门尼黏度计的转子转动所产生的剪切阻力，它是一个综合质量指标，其值的大小是由平均相对分子质量及分布和凝胶含量三个因素决定的。

 装置主要设备

主要任务：了解构成本装置的主要设备

主要设备：聚合釜、换热器、离心泵、柱塞计量泵、隔膜计量泵、空冷器、过滤器等。

主要任务：**绘制出溶液法生产顺丁橡胶工艺流程框图**

绘制装置生产工艺流程框图

绘制要点：(1) 参照图1-6高聚物合成典型工艺过程；
(2) 分析溶液法生产顺丁橡胶工艺核心过程；
(3) 确定生产的主原料、引发剂及辅助原料；
(4) 了解产物后处理的基本方法；
(5) 考虑循环及回收过程。

子任务二　分析主要岗位工作任务

【任务分析】

在熟悉生产装置的基础上，能分析每个主要生产岗位的任务及生产操作方法。

【必备知识】

采用溶液聚合法生产顺丁橡胶。

一、工艺路线特点

1. 聚合反应温度控制

顺丁橡胶生产中聚合反应温度主要是采用调节预热器温度、增减 1,3-丁二烯/溶剂进料量及聚合釜夹套加热或冷却三种方法来控制的。

2. 挂胶现象

挂胶现象是溶液聚合法生产合成橡胶时普遍存在的问题。发生挂胶将造成凝胶沉积于管壁、釜壁及其他死角，严重时堵塞管道，它不仅影响聚合反应热移出及产品质量，甚至影响生产的正常进行。产生挂胶的原因很多，如溶剂类型、引发剂浓度、聚合温度、原材料纯度、聚合釜结构、搅拌器类型等。工业生产上，为减轻挂胶，可采用以下措施：

① 以苯、甲苯、甲苯和庚烷混合液代替溶解能力较差的抽余油。

② 提高引发剂活性，减少其用量。

③ 稳定操作，防止温度起伏过大。

④ 脱除三氟化硼乙醚配合物中的水分。

⑤ 将单体、溶剂和引发剂在进入聚合釜前预混，使引发剂分散均匀。

⑥ 采用不锈钢或搪玻璃反应器，增加聚合釜内壁的光滑度。

3. 引发剂的陈化方式

引发剂在进入到聚合釜前，需要用溶剂稀释到一定的浓度，然后按一定方式进行陈化。陈化的目的在于引发剂在所需控制的条件下有利于生成定向聚合活性中心的反应充分进行，不利于生成活性中心的副反应尽量抑制。在引发剂各组分投入量确定的情况下，陈化方式对引发剂的活性有很大影响。

生产中，主要有三元陈化、双二元陈化和稀硼单加三种方式。

(1) 三元陈化　将 Ni、B、Al 三组分分别配制成溶液，再按一定次序加入聚合釜。

(2) 双二元陈化　将 Al 组分分成一半，分别与 Ni、Al 组分混合陈化，再按一定次序加入聚合釜。

(3) 稀硼单加　将 Ni、Al 组分先混合陈化加入聚合釜，而 B 组分配制成溶液后直接加入聚合釜。

目前，世界各国工业生产的镍系顺丁橡胶，大多用苯、甲苯或甲苯-庚烷为溶剂，认为 Ni-B-Al 这一加料顺序较好。中国采用资源比较丰富的抽余油为溶剂，经研究认为 Ni-B-Al 三元陈化方式引发剂的活性不如稀硼单加，因此，我国多采用的陈化方式是稀硼单加。

二、聚合反应设备

1. 聚合釜

采用立式搅拌床反应器，内装双螺带式搅拌器，产品不需要脱灰、不需要脱无规物；夹套中通冷冻盐水以带走聚合反应热和搅拌热，釜的传热面积约为 $30m^3$。

2. 凝聚釜

凝聚釜是凝聚过程的主要设备，聚合胶液的凝聚在釜中进行。凝聚釜必须设置搅拌装置，搅拌的主要作用是使胶粒在热水中不断运动，以迅速蒸去溶剂、单体并不致使胶粒结块。搅拌轴上有三个叶轮，除机械搅拌外，还有蒸汽搅拌，在釜底有两个带缩口的管子，通一定压力蒸汽鼓泡，鼓起胶粒在釜内翻滚。

三、合成橡胶的后处理过程

合成橡胶聚合终止后的胶液必须经凝聚、脱水、干燥等处理过程，才能得到成品顺丁橡胶。其生产过程如图 2-30 所示。

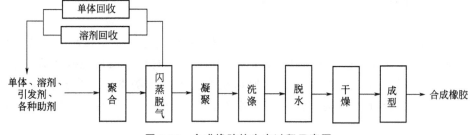

图 2-30   合成橡胶的生产过程示意图

1. 胶液凝聚

合成橡胶生产中，由于聚合工艺和产品的种类不同，所采用的凝聚方法也有所不同。常用的方法有水析法、盐析法、蒸发法、冷冻法。采用溶液聚合法合成的橡胶品种，如顺丁橡胶、异戊橡胶、乙丙橡胶等，生产中多采用水析凝聚法。

在聚合胶液中，含有大量的溶剂和部分未聚合的单体以及少量未反应的引发剂。胶液被喷入沸腾的水中，胶液中的溶剂和单体均受热而迅速挥发（沸点均低于 100℃），并与水汽一起被蒸出，橡胶则会呈固体状态在水中悬浮析出，由于胶液颗粒表面结成一层有孔的胶膜，随悬浮胶液颗粒与沸水继续接触，颗粒内部的溶剂和单体逐渐被蒸发出来，最后成为橡胶颗粒。同时，胶粒所含引发剂不断被水冲洗而到水中。

凝聚时，需考虑喷胶时颗粒的大小、胶液中橡胶含量、相对分子质量的大小、胶液在釜中停留时间、凝聚温度、水胶比、搅拌及分散剂等因素，确定其工艺条件，以便达到凝聚的要求。

2. 干燥

用水析凝聚法分离得到的顺丁橡胶含有大量的水分，必须进行脱水干燥。经聚凝后胶粒先经过振动筛将大部分水除掉，含水 50%～60% 的胶粒进入挤压脱水机，依靠机械力的作用，使胶粒含水量达10%左右，送入膨胀干燥机，使胶粒的含水量降至0.5%以下。

3. 单体、溶剂的回收

聚合中未反应的单体和溶剂必须进行回收，一般在精馏塔内进行。由凝聚釜蒸出的溶剂和未反应的单体经冷凝、油水分离器分离出水后分别进入溶剂干燥塔、溶剂脱重组分塔及丁二烯蒸出塔，回收的丁二烯、溶剂经精制回原料系统循环使用，高沸物作废物处理或作锅炉燃料。

【任务实施】

丁二烯
精制

> **主要任务：**负责原料丁二烯的精制，达聚合级质量要求。
> **操作要点：**采用萃取精馏的方法分离粗丁二烯及含炔烃的精丁二烯，并将分离后的丁二烯及精丁二烯一起进行水洗、脱水、精馏，得到纯度大于98%的聚合级丁二烯，送往聚合装置。
> 　　萃取剂：乙腈。
> 　　粗丁二烯萃取塔：塔顶为异丁烯；塔底为含丁二烯的乙腈溶液，靠压差作用压入粗丁二烯解吸塔。
> 　　粗丁二烯解吸塔：塔顶为粗丁二烯；塔底为乙腈溶液，循环使用。
> 　　炔烃萃取塔：塔顶为合格丁二烯；塔底为含炔烃的乙腈溶剂靠压差压入炔烃解吸塔，进行C_4与乙腈的分离。
> 　　炔烃解吸塔：塔顶为含炔烃的废C_4；塔底为乙腈溶液，循环使用。

引发剂
配制

> **主要任务：**负责聚合反应所用的镍、铝、硼三种引发剂和防老剂的计量与配制。
> **操作要点：**引发剂的计量准确与否将直接影响到聚合反应及生胶质量的好坏。引发剂各组分要在引发剂配制罐中稀释至浓度达要求。
> 　　(1) 环烷酸镍配制：先用C_6油配制成浓镍溶液，静止一定时间后取样分析浓度，再用C_6油配制成稀镍溶液，分析结果至合格。
> 　　(2) 防老剂配制：用C_6油配制防老剂至浓度合格。
> 　　(3) 三异丁基铝配制：用C_6油配制三异丁基铝至浓度合格。
> 将配制好的引发剂由高位罐放入各计量罐。

聚合釜
进料

> **主要任务：**负责各种原料按产品配方加入聚合釜。
> **操作要点：**C_6油大部分先经三通温控阀去丁油预冷器或丁油预热器，然后在静态混合器中与精制丁二烯混合配成丁油溶液。镍、铝催引发剂先混合，然后经混合器与丁油混合，从聚合首釜底部进入；硼引发剂与少量C_6油在静态混合器混合后在首釜底与丁油混合进入；一部分C_6油去聚合釜作管线和釜顶充油用。

聚合反应

反应条件控制

主要任务： 负责控制丁二烯浓度、反应釜温度、反应釜压力、引发剂加入量、单程转化率，确保不发生爆聚、坨釜现象。

操作要点：

(1)丁二烯浓度。浓度太低，溶剂量过大，使设备利用率降低及溶剂回收负荷过大；浓度太高，聚合速率加快，转化率增大，胶液黏度显著上升，造成搅拌、散热和胶液输送困难。一般，生产中丁二烯含量为10%～15%。

(2)首釜温度。用丁油进料温度调节，将直接影响着聚合反应的转化率、产品质量和终止釜门尼合格率。

(3)反应釜和末釜温度。用充油量来调节。

(4)单程转化率。单程转化率指参与反应的丁二烯与进料丁二烯的百分比。转化率的高低直接关系到橡胶生产的产量和经济效益，生产上，控制单程转化率≥70%。

(5)凝胶含量。凝胶指单体丁二烯在聚合过程中由于引发剂浓度、温度等条件的改变而发生支化反应，形成交联的网状结构的产物。它是产生挂胶现象的主要原因，并且严重影响生胶的质量。在转化率满足要求的前提下，尽量降低反应温度及引发剂用量。

聚合釜出料

主要任务： 负责将聚合反应生成的聚丁二烯胶液输送到凝聚釜。

操作要点： 丁二烯在聚合首釜中引发剂的作用下，在一定的温度和压力下发生聚合反应，生成了高顺式丁二烯胶液。胶液自釜顶出口出来由第二釜底进入，在第二釜内继续进行反应，这样经过多个串联釜的反应之后，在末釜出口处加入防老剂，经静态混合器和胶液过滤器后进入胶液罐,供混胶和凝聚用。

产品质量控制

主要任务： 负责在优化的条件下生产稳定的高质量产品。

操作要点： 控制终止釜的门尼黏度。

调整丁二烯加水量、引发剂用量及配比、反应温度等，是调节生产的重要手段。

溶剂回收

主要任务： 负责将新来的加氢溶剂油及将凝聚工序送来的循环溶剂油，按其组分的相对挥发度的不同，切割、精制成不含杂质的C_6油作为聚合溶剂；将溶剂中分离出的C_4组分送往精制装置进一步精制。

操作要点： 平稳控制各塔的操作参数、物料平衡，达到操作稳定、质量合格。

(1)脱水塔操作：控制塔顶压力、塔底温度、塔底液位、进料量、回流量、采出量达合格。

(2)回收塔操作：控制塔釜液面、塔顶质量达合格。

(3)提浓塔操作：是分离C_6、C_4二组分的普通的精馏塔，在操作中维持塔压的平稳，控制好塔底温度和回流量

(4)碱洗水塔操作：除去溶剂油含有微量的氧化物和过氧化物等杂质，控制碱洗水洗系统压力变化，检查水洗下水情况，保持水流量的稳定。

后处理过程 ⟹

主要任务：负责将聚合得到的胶液经过凝聚、脱水、干燥等处理过程，得到成品顺丁橡胶胶块。

操作要点：胶液→凝集釜→振动筛→挤压脱水机→膨化干燥机→提升机→压块机→自动秤→包装机→入库。

子任务三　识读顺丁橡胶装置的生产工艺流程图

【任务分析】

在了解顺丁橡胶生产每个单元的岗位任务及操作要点的基础上，识读顺丁橡胶装置的生产工艺流程图，能准确描述物料走向。顺丁橡胶装置生产工艺流程图如图 2-31 所示。

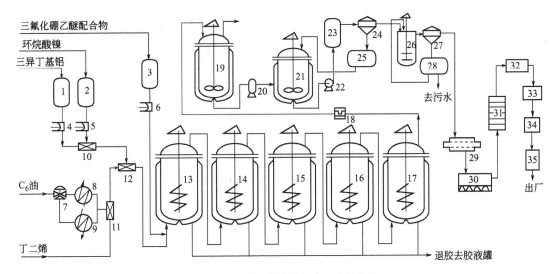

图 2-31　顺丁橡胶装置生产工艺流程图

1—三异丁基铝储罐；2—环烷酸镍储罐；3—三氟化硼乙醚配合物储罐；4～6—隔膜计量泵；7—分流控制阀；8—预热器；9—预冷器；10～12—文氏管混合器；13～16—聚合釜；17—终止釜；18—过滤器；19—胶液罐；20—胶液泵；21—凝集釜；22—颗粒泵；23—缓冲罐；24，27—振动筛；25—循环水罐；26—洗胶罐；28—洗胶水罐；29—挤压脱水机；30—膨化干燥机；31—提升机；32—压块机；33—自动秤；34—包装机；35—入库

【任务实施】

识读工艺流程图：

原料配制	丁二烯：11→12→13
	C_6 油：7→8（9）→11→12→13
引发剂配制	环烷酸镍：2→5→10→12→13
	三异丁基铝：1→4→10→12→13
	三氟化硼乙醚配合物：3→6→13
聚合反应	13→14→15→16→17→18
胶液凝聚	18→19→20→21→22→23
干燥等后处理	23→24→26→27→29→30→31→32→33→34→35

子任务四　主要岗位的开、停车及事故处理

【任务分析】

进行装置正常开车、停车操作及异常处理等操作的初步训练。

【任务实施】

训练项目	训练岗位	操作内容
丁二烯精制	粗丁二烯萃取岗	(1)操作原则 混合 C_4 组分在粗萃取塔中,在乙腈作用下轻组分异丁烯从塔顶分离出去,重组分及乙腈从粗萃取塔塔底进入粗解吸塔,塔顶分离出丁二烯进入炔烃萃取塔,塔底乙腈进入回收塔进行溶剂再生或进入粗萃取塔循环使用
		(2)粗萃取塔和粗解吸塔的塔压 相关参数:温度、流量 调节方式:热旁通控制,如果控制失灵,采用副线调节。 异常调节:可能会出现压力突然下降、压力超高、淹塔等情况,可从恢复液位、调节回流量、调节溶剂温度等几个方面调节
		(3)粗萃取塔、粗解吸塔的塔底温度 相关参数:塔压、回流量 调节方式:控制物料组成、冷却水的温度及流量 异常调节:可能会出现温度突变、塔釜温度逐渐下降等情况,可通过手动控制稳定塔压、稳定塔釜液面等方面来调节
		(4)塔釜、回流罐液面 相关参数:流量、温度、压力 调节方式:稳定的液面控制,一般 1/2～2/3 液面左右 异常调节:可能会出现粗萃取塔、粗解吸塔液面高,可通过手动控制,提高萃取塔压力或降解吸塔压力
		(5)塔顶丁二烯含量 相关参数:流量、温度、压力、液面 调节方式:应采取减进料、加溶剂、降釜温、加回流等
	后乙腈岗	(1)操作原则 将粗萃取岗位来的含有炔烃的丁二烯用乙腈萃取的方法进行脱炔烃处理,脱出的废 C_4 外送;脱炔烃后的丁二烯经水洗、脱水和再蒸馏过程,提纯达到聚合级丁二烯要求
		(2)炔烃萃取塔、炔烃解吸塔和再蒸馏塔的塔压 相关参数:温度、流量 调节方式:卡脖子控制方式,如果控制失灵,采用副线调节,操作中,要及时排放回流罐中的不凝气;异常调节:可能会出现压力突然下降、压力超高、淹塔等情况,可从恢复液位、调节回流量、恢复溶剂温度等几个方面调节
		(3)炔烃萃取塔、炔烃解吸塔和再蒸馏塔的塔底温度 相关参数:塔压、回流量 调节方式:控制物料组成、冷却水的温度及流量 异常调节:可能会出现温度突变、塔釜温度逐渐下降等情况,可通过手动控制稳定塔压、稳定塔釜液面等方面来调节
		(4)塔釜、回流罐液面 相关参数:流量、温度、压力 调节方式:稳定的液面控制,一般 1/2～2/3 液面左右 异常调节:可能会出现炔烃萃取塔、炔烃解吸塔液面高,可通过手动控制,提高温度、压力或开罐顶放空阀排出不凝气
		(5)丁二烯纯度(炔烃含量、乙腈含量、丁二烯水值、二聚物含量) 相关参数:流量、温度、压力、液面 调节方式:应采取减进料、加溶剂、降釜温、加回流等

续表

训练项目	训练岗位	操 作 内 容
丁二烯聚合	聚合反应岗	(1)操作原则 由乙腈来的丁二烯和精制后的 C_6 油经静态混合器混合后,在引发剂的作用下,在聚合釜中反应,生成聚丁二烯胶液
		(2)聚合首釜进料温度 相关参数:进料量、蒸汽量 调节方式: C_6 油通过预热器、预冷器的流量控制预热温度 异常调节:可能会出现预热温度高或低,可从副线阀开启、关闭副线阀方法调节
		(3)聚合首釜温度 相关参数:引发剂配方、丁油浓度、进料温度、体系中的杂质 调节方式:通过进料温度来控制,当进料温度不能控制时,可通过丁油浓度和引发剂配方来控制
		(4)聚合釜压力 相关参数:聚合进料量、丁油浓度、胶液黏度、挂胶程度、胶液罐压力 调节方式:调丁油浓度、反应温度和进料量 异常调节:可能会出现聚合釜压力高或低,可通过调节丁油和进料剂的量及进料温度或关小首釜出口阀
		(5)门尼黏度 相关参数:丁二烯加水量、引发剂用量及配比、反应温度 调节方式:调整丁二烯加水量、引发剂用量、引发剂配比及反应温度 异常调节:改变丁二烯加水量或改变铝剂、镍、硼量的配比
		(6)聚合反应单程转化率 相关参数:引发剂用量及配比、反应温度、丁二烯进料量、反应压力 调节方式:调丁油进料温度、丁油浓度、引发剂用量及配比来控制聚合釜下部温度
		(7)凝胶含量 相关参数:引发剂浓度、引发剂用量及配比、反应温度、杂质 调节方式:调整丁二烯加水量、引发剂用量、引发剂配比及反应温度 异常调节:改变丁二烯加水量或改变铝剂、镍、硼量的配比
	引发剂计量与配制岗	(1)操作原则 聚合反应所用的镍、铝、硼三种引发剂和防老剂等物料的收送和配制工作,注意控制引发剂储罐的液位
		(2)正常操作:配制镍、铝、硼三种引发剂和防老剂溶液
		(3)异常处理:计量罐液位不降——检查计量罐的出口阀 计量泵上量不足——检查泵的出、入口阀 计量泵出口压力超高——切换备用泵
溶剂回收	溶剂回收岗	(1)操作原则 将加氢溶剂油及凝聚工序送来的循环溶剂油,按其组分的相对挥发度的不同,切割、精制成不含杂质的 C_6 油作为聚合溶剂
		(2)脱水塔顶压力 相关参数:温度、流量 调节方式:卡脖子控制方式,如果控制失灵,采用副线调节 异常调节:压力过低——开凝水罐排水副线阀排水,关闭付线阀门 压力过高——回流罐顶排放不凝气、加大冷却水、切换备用泵
		(3)脱水塔塔底温度 相关参数:塔压、回流量 调节方式:卡脖子控制方式 异常调节:温度突然降低——回收塔立即停止进料,脱水塔底循环回罐区
		(4)回收塔塔釜液面 调节方式:间断式排放 异常调节:塔底液面波动——稳定脱水塔操作;调整塔底蒸气加热量;调整脱水塔进料油温度;检查回流泵运转情况

续表

训练项目	训练岗位	操 作 内 容
溶剂回收	溶剂回收岗	(5)回收塔塔顶质量 相关参数:温度、压力 调节方式:控制塔底温度在指标范围内,适当加大重组分排放量 异常调节:塔底液面满——减小进料,适当提高塔底温控阀开度 塔底升温困难——检查下水阀门是否通畅;加大蒸汽量;降低回流量;降低进料量;停进料泵 塔压超高——排放不凝气;脱水塔减小回流量;开备用空冷降温;加大回流罐采出量 回流中断——提高回流罐液面;切换备用泵;停车处理

 【综合评价】

对任务八的综合评价见表 2-12。

表 2-12　项目评价表

评价项目	评 价 要 点
绘制工艺流程框图	能反映出主要生产岗位
	能体现出主要物料走向
分析主要岗位生产任务	能指出顺丁橡胶生产主要岗位名称及岗位任务
	能掌握主要岗位的操作要点及主要设备结构特征
识读生产工艺流程图	能描述生产装置的主要物料走向
	能识读整体工艺流程
装置实际操作训练	能指出装置的开、停车操作训练任务
	能分析开、停车操作要点

 【任务拓展】

查阅资料了解悬浮法生产顺丁橡胶的生产工艺。

任务九　聚苯乙烯的生产工艺分析

聚苯乙烯是由苯乙烯单体经自由基聚合或离子型聚合反应而获得的高聚物,由于它具有较好的刚性、透明性、耐水及耐腐蚀性,优异的电绝缘性,且价格低廉、易成型加工,广泛应用于各个领域中。

【任务介绍】

某高职毕业生,被分配某石化公司聚苯乙烯车间,见习期三个月,在车间生产技术人员的指导下,学习聚苯乙烯车间相关理论知识及岗位的生产操作,考核达标后,定岗,转为正式职工。

具体任务:(1)绘制聚苯乙烯生产工艺流程框图;

（2）分析主要生产岗位的任务及生产操作；

（3）识读聚苯乙烯装置的生产工艺流程图；

（4）掌握主要岗位的开、停车及事故处理操作。

子任务一　绘制聚苯乙烯生产工艺流程框图

【任务分析】

初次接触聚苯乙烯的生产装置，要了解装置的基本情况，主要原料、产品与用途及装置的主要构成，能绘制出装置的工艺流程框图。聚苯乙烯生产原料及产品如图 2-32 所示。

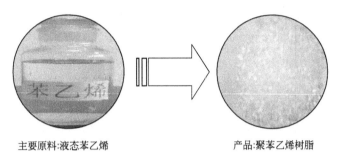

主要原料:液态苯乙烯　　　　　　　产品:聚苯乙烯树脂

图 2-32　聚苯乙烯原料及产品示意

【必备知识】

聚苯乙烯是苯乙烯系树脂的主要品种之一，属通用型聚苯乙烯（PS、GPPS）。其系列品种还有发泡聚苯乙烯（EPS）、高抗冲性聚苯乙烯（HIPS）、丙烯腈-丁二烯-苯乙烯共聚物（ABS）及聚苯乙烯型离子交换树脂等。

一、聚乙烯制品展示

以聚苯乙烯树脂为原料，加入各种添加剂，按产品用途不同采用相应的加工方法，可以得到各种用途的聚苯乙烯塑料制品。聚苯乙烯制品如图 2-33 所示。

PS泡沫板　　　　　　PS叉勺　　　　　　PS塑料板　　　　　改性PS塑料

图 2-33　聚苯乙烯制品展示

二、聚苯乙烯的性能及用途

1. 聚苯乙烯的性能

通用型聚苯乙烯是质地坚硬、性脆、透明的热塑性塑料，具有良好的光泽，无毒、无臭，易着色，具有一定的机械强度和使用温度，优良的电性能，且能用注射、挤出等多种方法进行成型加工，但不耐冲击，性脆易裂。

2. 聚苯乙烯的用途

通用型聚苯乙烯具有透明、价廉、刚性、绝缘和卫生性好等优点，故在家用电气、电子电气工业和通用器材工业等领域具有广泛的用途。

抗冲聚苯乙烯拓宽了通用型聚苯乙烯的应用范围，目前高抗冲聚苯乙烯在很多领域得以使用，聚苯乙烯树脂的应用见表 2-6。

表 2-13   聚苯乙烯树脂的应用

聚苯乙烯品种	应用实例
通用型(PS、GPPS)	通用型聚苯乙烯可用于制造一次性包装品、仪表外壳、灯罩、仪器零件、透明模型、电讯零件、高频绝缘衬垫、嵌件、支架以及冷冻绝热材料。此外还可用作日用品，如钳扣、梳子、牙刷以及玩具等
发泡型(EPS)	可发泡性聚苯乙烯是在普通聚苯乙烯中浸渍低沸点的物理发泡剂制成，加工过程中受热发泡，专门用来制作泡沫塑料制品
高抗冲型(HIPS)	高抗冲聚苯乙烯是在聚苯乙烯中添加聚丁基橡胶颗粒而制得的一种产品，提高了聚苯乙烯的冲击强度。它广泛用作包装材料，用于家用电器、仪表、汽车零件以及医疗设备的包装
共聚物(ABS)	ABS 树脂是丙烯腈-丁二烯-苯乙烯三元共聚物，具有优良的耐冲击韧性和综合性能，是重要的工程塑料之一。它广泛用于制作电话机、洗衣机、复印机和厨房用品等壳体材料，齿轮、轴承、管材、管件等机械配件；方向盘、仪表盘、挡泥板等汽车配件。
聚苯乙烯离子交换树脂	离子交换树脂是分子中含有活性功能基而能与其他物质进行离子交换的树脂，主要用于纯水制备、药物提纯、稀有金属和贵重金属的提纯等

三、聚苯乙烯的生产工艺

1. 聚苯乙烯的生产原理

（1）单体的性质及来源   苯乙烯是一种无色、透明、具有芳香气味的液体，易燃烧爆炸，化学性质活泼，易发生氧化、加成、聚合等反应，是高分子合成的重要原料，可制成许多品种的合成树脂与合成橡胶。

工业上，苯乙烯可由苯与乙烯发生烷基化（烃化）反应生成乙苯，乙苯再在高温下催化脱氢制得高纯度的苯乙烯。

（2）生产原理   苯乙烯的均聚及共聚合反应，可按自由基聚合反应机理进行。聚合反应式如下

$$n\,H_2C=CH \longrightarrow \;+\!CH_2-CH\!+_n$$

2. 聚苯乙烯的生产特点

聚苯乙烯可以采用本体聚合法和悬浮聚合法进行生产。工业上，利用本体法生产聚苯乙烯大多不用引发剂，采用热引发，只要将原料加热足够就会发生链引发反应，进而进行聚合反应。这里，仅介绍在少量溶剂（乙苯）存在下本体聚合法生产聚苯乙烯的工艺过程。

【任务实施】

生产装置简介

主要任务：了解装置生产技术、生产能力及主要岗位

本装置采用本体法生产聚苯乙烯，可生产多个品种的均聚物和共聚物产品。由苯乙烯精制装置送过来的苯乙烯，经干燥系统净化后，在聚合釜内引发剂作用下，聚合反应生成聚苯乙烯。目前，年生产能力为10万吨。

本装置主要生产岗位有原料精制、预聚合、后聚合、单体回收、挤出切粒、包装等。

生产原料及性质

主要任务：了解生产原材料及性质

苯乙烯：主原料，在储存、运输过程中，需要加入少量的间苯二酚或叔丁基间苯二酚等阻聚剂以防止其发生自聚，聚合前，必须精制达到聚合级的要求。

乙苯：少量，溶剂（稀释剂），降低反应混合物的黏度，移出反应热，可再生使用。

硬脂酸锌：润滑剂，用于改善产品加工性能，使聚合物有较好的成型特性。

矿物油：塑化剂，用于改善聚合物流动特性(即热熔体指数)。

产品及用途

主要任务：了解主要产品及用途

采用本体法可生产通用型聚苯乙烯（GPPS）及高抗冲聚苯乙烯（HIPS）。工业上，一般是将不饱和橡胶（大多数是顺丁橡胶和丁苯橡胶）溶解到苯乙烯溶液中进行聚合来制备高抗冲聚苯乙烯。生产上，通常设置两条生产线，分别完成GPPS和HIPS的生产。

装置主要构成

主要任务：了解本装置的主要构成

主要岗位：原料供应、原料精制、预聚合（2个带搅拌的釜式反应器）、后聚合（2个串联的塔式反应器）、预热及脱烃、单体回收、挤出切粒、粒料输送以及公用工程及辅助设施等。

绘制装置生产工艺流程框图

主要任务：绘制出本体法生产聚苯乙烯工艺流程框图

绘制要点：(1)参照图1-6高聚物合成典型工艺过程；

(2)分析本体法生产聚苯乙烯生产工艺核心过程；

(3)确定生产的主原料、引发剂及辅助原料；

(4)了解产物分离的基本方法；

(5)考虑循环及回收过程。

子任务二 分析主要岗位工作任务

【任务分析】

在熟悉生产装置的基础上，能分析每个主要生产岗位的任务及生产操作方法。

【必备知识】

工业上，多采用连续法利用本体聚合生产聚苯乙烯，通常可分为两类：一类是分段聚合，逐步排除反应热，最终达到聚合反应完全；另一类是聚合反应到一定程度，转化率约达40%时，分离未反应的单体循环使用。两种工艺相比，分段聚合工艺过程较简单，合成聚合物相对分子质量分布范围较宽，目前国内外大都采用分段聚合。

一、工艺路线特点

苯乙烯分段聚合的工艺流程有三种，即塔式反应流程、少量溶剂存在下的生产流程及压力釜串联流程。这里仅介绍少量溶剂存在下的生产工艺。

1. 分段聚合

聚合过程由两个预聚合和两个后聚合塔式反应器构成。

2. 聚合反应温度控制

釜式反应器利用夹套传热及反应器压力的控制维持反应温度；塔式反应器内包括几个独立的热传导区，用来控制不同的聚合反应温度，决定最后产品聚合度及相对分子质量。

二、聚合反应设备

在聚合物生产中，聚合反应工序是最关键的过程，其设备是生产过程的核心设备。

1. 预聚合釜式反应器

采用锚式搅拌器，其结构简单，制造方便，传热效果好，可减少"挂壁"现象，一般用于高黏度体系的搅拌。锚式搅拌器示意如图 2-34 所示。

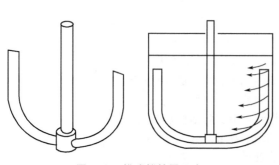

图 2-34 锚式搅拌器示意

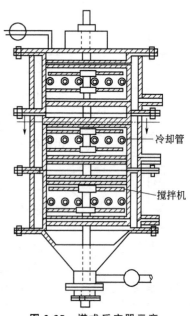

图 2-35 塔式反应器示意

2. 后聚合塔式反应器

塔式反应器示意如图 2-35 所示。与釜式聚合反应器相比，塔式聚合反应器是一种长径比较大的垂直圆形或方形直筒，构造比较简单，塔内可以是挡板式或固体填充式，根据塔内结构的不同而具有不同的特点。在塔式反应器中，物料的流动接近平推流，返混较小。同时，根据加料速率的快慢，物料在塔内的停留时间可有较大变化，塔内物料温度可沿塔高分段控制。聚苯乙烯塔式反应器内有多层搅拌桨以及冷却管和加热管，搅拌可使传热效能提高，径向温差减小，在生产中多使用几个塔进行串联操作。塔式反应器在缩聚反应中应用较多。

三、合成树脂的后处理过程

经本体聚合在聚合塔底得到熔融状态的聚合物，用螺杆挤出机挤出呈细条状，经冷却水槽冷却成固态，经切粒机切成一定大小的颗粒，经计量包装得到产品聚苯乙烯树脂。

【任务实施】

```
┌──────────┐
│ 苯乙烯   │──▶
│ 精制     │
└──────────┘
```

主要任务： 负责原料苯乙烯的精制，达聚合级质量要求。
操作要点： (1)苯乙烯杂质。苯乙烯性质活泼，很容易发生自聚反应。为增加储存稳定性，常常加入酚类阻聚剂，将影响聚合反应速率和产物相对分子质量，聚合前必须除去。
　　(2)精制方法。用10%氢氧化钠水溶液洗涤，分离掉溶有酚类阻聚剂碱液后，用水洗至中性，经干燥处理后可用于聚合。

```
┌──────────┐        ┌──────────┐
│ 聚合     │──┬──▶ │ 预聚合   │──▶
│ 反应     │  │    │ 操作     │
└──────────┘  │    └──────────┘
              │    ┌──────────┐
              └──▶ │ 后聚合   │──▶
                   │ 操作     │
                   └──────────┘
```

主要任务： 负责各种原料按产品配方加入预聚釜，经过预聚合得到的固体含量约为47%左右，并向聚合系统输送聚合物溶液。
操作要点： (1)第一预聚釜。苯乙烯、乙苯由流量控制器按比例控制进入反应器，控制反应温度130℃左右，固体含量约为25%～30%，进入第二预聚釜。
　　(2)第二预聚釜：控制反应温度135℃左右，固体含量约为45%～50%，进入后聚合系统。
　　由反应器压力的控制来维持温度。
　　依等级不同，控制不同的固体含量。

主要任务： 负责将固体含量为45%～50%的预聚物溶液经过后聚合得到固体含量为70%～75%的聚合物溶液。
操作要点： (1)第一反应塔。含有三个独立的热传导区。
　　(2)第二反应塔。含有两个独立的热传导区。
　　聚合温度区域可控制，每一温度区由一个热油循环泵及热交换器所组成，以移除或提高系统的热量；冷却由封闭式循环水系统来提供。

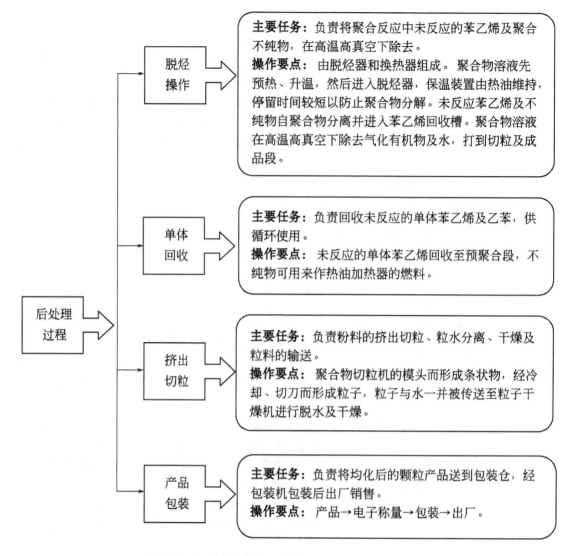

主要任务：负责将聚合反应中未反应的苯乙烯及聚合不纯物，在高温高真空下除去。
操作要点：由脱烃器和换热器组成。聚合物溶液先预热、升温，然后进入脱烃器，保温装置由热油维持，停留时间较短以防止聚合物分解。未反应苯乙烯及不纯物自聚合物分离并进入苯乙烯回收槽。聚合物溶液在高温高真空下除去气化有机物及水，打到切粒及成品段。

主要任务：负责回收未反应的单体苯乙烯及乙苯，供循环使用。
操作要点：未反应的单体苯乙烯回收至预聚合段，不纯物可用来作热油加热器的燃料。

主要任务：负责粉料的挤出切粒、粒水分离、干燥及粒料的输送。
操作要点：聚合物切粒机的模头而形成条状物，经冷却、切刀而形成粒子，粒子与水一并被传送至粒子干燥机进行脱水及干燥。

主要任务：负责将均化后的颗粒产品送到包装仓，经包装机包装后出厂销售。
操作要点：产品→电子称量→包装→出厂。

子任务三　识读聚苯乙烯装置的生产工艺流程图

【任务分析】

　　在了解聚苯乙烯生产每个单元的岗位任务及操作要点的基础上，识读聚苯乙烯装置的生产工艺流程图，能准确描述物料走向。聚苯乙烯装置生产工艺流程如图 2-36 所示。

【任务实施】

　　识读工艺流程图：

预聚釜进料	原料苯乙烯
	乙苯：1→2→3
聚合反应	聚合釜：3→4
聚合出料	出料：4→5→6→8→9→10→11→12
乙苯回收	未转化的乙苯：6→7

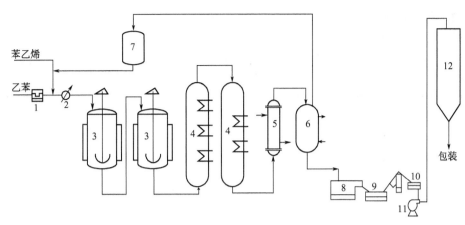

图 2-36　聚苯乙烯装置生产工艺流程图

1—过滤器；2—预热器；3—预聚釜；4—反应塔；5—热交换器；6—脱烃器；7—苯乙烯回收罐；
8—挤出机；9—冷却器；10—切粒机；11—鼓风机；12—料仓

子任务四　主要岗位的开、停车及事故处理

【任务分析】

进行装置正常开、停车操作的初步训练。

【任务实施】

训练项目	操作内容
热油系统	(1)作用:加热聚合反应器、脱烃预热器、脱烃器 (2)开车操作:确保热油系统在流动且尽可能地干燥(除去水分) (3)正常操作:维持系统内的温度与压力 (4)停车操作:若系统是排泄,应打开最高排泄阀并排油到热油排放槽 (5)系统连锁
乙苯储存及进料	(1)作用:聚合反应的溶剂,储存在氮封桶槽中 (2)开车操作:打开所有乙苯桶槽到反应器的闸阀,选择合适的流量计控制乙苯的流量 (3)正常操作:设定流量计到乙苯要求添加量,在预聚釜间转换 (4)停车操作:在乙苯已添加到既定量之后,关闭最后闸阀 (5)系统连锁:无连锁
预聚合反应器	(1)作用:用于控制保温装置温度、聚合物温度、反应器压力、搅拌速率及产物聚合度 (2)开车操作:准备热油;保温装置温控;热油循环;设定真空压力控制器;升温;打开反应器搅拌器并设定速率;温控到温度后串联至压力控制器 (3)正常操作:聚合物取样来控制聚合度;出料 (4)停车操作:分别进行第一、第二预聚合釜的清空;停止保温装置的油循环 (5)系统连锁
聚合反应器	(1)作用:进一步聚合到要求聚合度的固化物 (2)开车操作:热传导油的循环;聚合物的增加;矿物油的增加 (3)正常操作:监看各区熔融温度及压力 (4)停车操作:聚合度达要求;停油循环及冷却水循环 (5)系统连锁
苯乙烯回收	(1)作用:回收残存苯乙烯、低聚物及脱烃段的不纯物 (2)开车操作:热传导油的循环;聚合物的增加;矿物油的增加 (3)正常操作:监看苯乙烯回流管蒸气顶部温度、压力;回流管温度;管低液位 (4)停车操作:中断真空;停止苯乙烯回收泵;关闭苯乙烯回流管线 (5)系统连锁

【综合评价】

对任务九的综合评价如表 2-14 所示。

表 2-14 项目评价表

评价项目	评 价 要 点
绘制工艺流程框图	能反映出主要生产岗位
	能体现出主要物料走向
分析主要岗位生产任务	能指出聚苯乙烯生产主要岗位名称及岗位任务
	能掌握主要岗位的操作要点及主要设备结构特征
识读生产工艺流程图	能描述生产装置的主要物料走向
	能识读整体工艺流程
装置实际操作训练	能指出装置的开、停车操作训练任务
	能分析开、停车操作要点

【任务拓展】

查阅资料了解悬浮法生产聚苯乙烯的生产工艺。

学习情境三

杂链高聚物的合成技术

任务一　酚醛树脂的生产

酚醛树脂也叫电木又称电木粉，是通过苯酚和甲醛缩聚反应得到的，能满足要求不特别高的应用领域，常用来生产绝缘板或胶黏剂。酚醛树脂的生产原料及产品见图 3-1。

【任务介绍】

以苯酚、甲醛为原料，选择合适的催化剂、其他试剂及生产设备，确定配料比，在给定的时间内，生产出酚醛树脂。

产品质量要求：无色或浅红棕色固体。

生产原料　　　　　　　　　　　　　酚醛树脂

图 3-1　酚醛树脂生产原料及产品示意

【任务分析】

酚醛树脂的聚合遵循缩聚反应机理，一般选择溶液缩聚这种工业实施方法来实现产品的生产，通常依据产品的用途来选择。本次生产任务是生产酚醛树脂，应根据催化剂和单体的配比不同选择生产线型缩聚产物或体型缩聚产物。在生产中要充分考虑缩聚反应的特点及影响因素，确保产品质量。

【必备知识】

一、酚醛树脂制品展示

酚醛树脂制品展示见图 3-2。

二、酚醛树脂的性能及应用

1. 酚醛树脂的性能

酚醛树脂是第一个人工合成的塑料产品，无色或黄褐色透明物，有颗粒、粉末状。酚醛

酚醛树脂

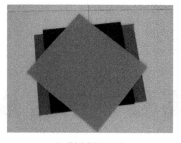
酚醛树脂层压板

酚醛树脂耐火砖

图 3-2　酚醛树脂制品展示

树脂最重要的特征就是耐高温性，即使在非常高的温度下，也能保持其结构的整体性和尺寸的稳定性；在温度大约为1000℃的惰性气体条件下，酚醛树脂会产生很高的残炭，这有利于维持酚醛树脂的结构稳定性；酚醛树脂一个重要的应用就是作为胶黏剂，它是一种多功能的、与各种各样有机和无机填料都能相容的物质；耐弱酸和弱碱，遇强酸发生分解，遇强碱发生腐蚀；不溶于水，溶于丙酮、酒精等有机溶剂中；交联后的酚醛树脂可以抵制任何化学物质的分解。

2. 酚醛树脂的用途

酚醛树脂可应用于各个领域中，具体用途见表3-1。

表 3-1　酚醛树脂的用途

应用领域	应用实例	应用领域	应用实例
电器	电器开关、灯头、电话机外壳、绝缘结构零件等	工业	仪器零件、垫圈、轴瓦、轴承、皮带及无声齿轮等机械零件等
汽车	刹车片及离合器等	印刷	印刷电路板等
航空	耐烧蚀导弹外壳、宇宙飞船的耐热面层等	日用品	瓶盖、纽扣、黏合剂等

三、酚醛树脂的生产工艺

1. 酚醛树脂的生产原理

(1) 单体的性质及来源　苯酚 (C_6H_6O，PhOH)，又名石炭酸、羟基苯，是最简单的酚类有机物，一种弱酸。常温下为一种无色晶体。有毒，有腐蚀性，常温下微溶于水，易溶于有机溶液；当温度高于65℃时，能跟水以任意比例互溶，其溶液沾到皮肤上用酒精洗涤，暴露在空气中呈粉红色。

苯酚的生产方法主要有磺化法、异丙苯法、氯苯水解法、粗酚精制法、拉西法等。

甲醛 (CH_2O) 是一种无色、有强烈刺激性气味的气体，有毒，易燃。甲醛在常温下是气态，通常以水溶液形式出现，液体在较冷时久贮易浑浊，在低温时则形成三聚甲醛沉淀。易溶于水和乙醇，35%～40%的甲醛水溶液叫做福尔马林。

甲醛在工业上一般是由甲醇催化氧化制备的。

(2) 生产原理　酚醛树脂是由苯酚和甲醛在一定的条件下，通过缩聚反应得到的。线型酚醛树脂的聚合反应式如下

2. 酚醛树脂的生产特点

酚醛树脂的生产是由苯酚和甲醛在催化剂条件下缩聚，经中和、水洗而制成的树脂。因为酚与醛的摩尔比、选用催化剂的不同，可分为热固性树脂和热塑性树脂两类：醛与酚的摩尔比大于 1，即甲醛过量，用碱类物质作催化剂，生成热固性酚醛树脂；醛与酚的摩尔比小于 1，即苯酚过量，用酸类物质作催化剂，生成热塑性酚醛树脂。

3. 酚醛树脂的生产工序

生产酚醛树脂主要的工艺是间歇釜式常压合成法。反应开始时是溶液均相体系，当缩聚树脂相对分子质量达到一定程度后，反应体系转为非均相，这时相对分子质量的增长反应主要在树脂相中进行。

酸法酚醛树脂的生产示意如图 3-3 所示。

图 3-3 酸法酚醛树脂的生产示意

碱法酚醛树脂的生产示意如图 3-4 所示。

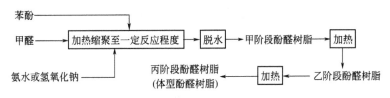

图 3-4 碱法酚醛树脂的生产示意

4. 酚醛树脂的生产控制因素

酚醛树脂的制备受很多因素影响，其中原料摩尔比、催化剂种类和用量、反应温度和投料方式等，对酚醛树脂的反应速率、产物结构和质量都有很大影响。

（1）苯酚与甲醛摩尔比的影响 苯酚与甲醛的摩尔比影响历程反应和分子结构，在酸性催化反应中，当甲醛的摩尔比小于苯酚时，不能形成足够的羟甲基，使缩合反应进行到一定程度便停止。在碱性催化反应中，当甲醛物质的量小于苯酚时，又有部分苯酚以游离状态存于树脂中，反应不完全。酚与醛的摩尔比亦影响树脂的反应速率和固化时间。

（2）催化剂的影响 催化剂的性质、种类、用量对树脂反应速率、固化速率和产物都有影响。酸性或碱性催化剂都可加快羟甲基化速率。pH 值为 4 时反应速率最慢。随着 H^+ 浓度增加，亚甲基化速率加快，固化速率亦加快。碱性催化剂对亚甲基化速率影响不大。苯酚与甲醛无论摩尔比大小，在碱性催化剂作用下都能生成热固性酚醛树脂。酸性催化下甲醛被活化，亚甲基化反应速率大于羟甲基化反应速率生成线型热塑性酚醛树脂。

（3）反应温度和反应时间的影响 反应温度和反应时间对酚醛树脂有很大的影响。苯酚与甲醛混合时，化学反应随即开始，但在低温下很慢，而在高温下反应速率加快。一般反应温度每升高 $10℃$，反应速率增加 1 倍。酚醛树脂的合成要缓慢地阶段性升温，反应初期升温慢些，当温度升至 $50 \sim 60℃$ 时，由于反应放热温度会自行上升，升温过快反应激烈，缩聚反应不完全，致使树脂相对分子质量大小相差悬殊，游离酚含量高，树脂质量下降。

反应时间以长些为好，生成的树脂相对分子质量分布均匀。

（4）投料方式的影响　在弱碱（如氨水）的催化下，苯酚与甲醛可一次投料进行缩聚反应形成酚醛树脂，该法工艺简单，但游离酚含量高。

在强碱（如氢氧化钠）催化下，甲醛应分两次加料，与苯酚进行缩聚反应形成酚醛树脂。两次投料可减缓反应放热，易于控制，有利降低游离酚含量，提高树脂质量。

【任务实施】

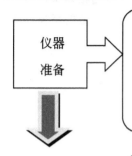

仪器准备 → **主要任务：**完成仪器的选择、清洗与烘干
生产设备：恒温水浴锅一台、三口瓶（250mL）1个、搅拌装置1个、温度计（0～100℃）1支、烧杯（500mL）1个、量筒（20mL）2个、球形冷凝管1个、减压蒸馏装置1套。
公用设备：烘箱、天平、研钵。

生产原料准备 → **主要任务：**完成单体、引发剂及助剂的选择
单体：苯，分析纯；甲醛，分析纯。
催化剂：草酸，分析纯。
助剂：六亚甲基四胺，分析纯；固化剂。

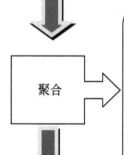

聚合 → **主要任务：**完成线型酚醛树脂的生产
　　向装有机械搅拌、回流冷凝管、温度计的三口瓶中加入39g苯酚，27.6g 37%的甲醛水溶液，5mL去离子水和0.6g草酸，水浴加热开动搅拌，回流1.5h，加入90mL去离子水，搅拌均匀后，冷却至室温，分离出水层。
　　实验装置改为减压蒸馏装置，减压真空度为66.7～133.3kPa，升温至150℃，保持1h，除去残留的水。在产品保持流动状态下，将其倒出。

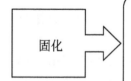

固化 → **主要任务：**线型酚醛树脂的固化
　　取10g酚醛树脂，加入六亚甲基四胺0.5g，在研钵中研磨混合均匀，将粉末放入干净光洁的铁板上，小心加热使其熔融，观察流动性的变化。

【归纳总结】

（1）仪器、设备需要预先干燥。
（2）缩聚要点：苯酚、甲醛配料比。
（3）减压蒸馏：真空度的控制。

（4）出料：在流动状态下倒出。

（5）固化：缓慢升温。

【综合评价】

对于任务一的综合评价见表 3-2。

表 3-2　酚醛树脂的生产项目评价表

评价项目	评价要点
产品质量	无色或浅红棕色固体
	甲醛、苯酚残留量不得超标
原料配比	单体量、催化剂量及其他助剂量
生产过程控制能力	温度控制范围
	缩聚反应时间控制
	减压蒸馏除水控制
	固化控制
事故分析和处理能力	是否出现生产事故及处理方法
	生产事故处理方法

【趣味项目】

酚醛树脂层压板的制备。

【任务拓展】

以苯酚和丁醛为单体进行缩聚生产。

任务二　聚酯的生产工艺分析

聚酯是由二元或多元酸和二元或多元醇通过缩聚反应而得到的高聚物总称。聚酯可采用不同的原料、不同的合成方法得到不同的品种。目前，聚酯的主要品种有聚对苯二甲酸乙二醇酯（PET）、聚对苯二甲酸丁二醇酯（PBT）、聚对苯二甲酸丙二醇酯（PTT）以及某些共聚酯等系列。其中，以对苯二甲酸（PTA）和乙二醇（EG）为原料缩聚而成的聚对苯二甲酸乙二醇酯是世界上第一个实现工业化的聚酯产品，也是目前世界上产量最高、用量最大、用途最为广泛的高分子材料。

【任务介绍】

某高职毕业生被分配某化纤公司聚酯（聚对苯二甲酸乙二醇酯）车间聚合工段，见习期三个月，在车间生产技术人员的指导下，学习聚酯生产相关理论知识及岗位的操作技能，考核达标后，定岗，转为正式职工。

具体任务：

（1）绘制聚酯生产工艺流程框图；

（2）分析主要生产岗位的任务及生产操作；

（3）识读聚酯装置的生产工艺流程图。

（4）掌握主要岗位的开、停车及异常情况处理等操作。

子任务一　绘制聚酯生产工艺流程框图

【任务分析】

初次接触聚酯的生产装置，要了解该装置的基本情况，主要原料、产品与用途及装置的主要构成，能绘制出装置的工艺流程框图。聚酯生产原料及产品见图 3-5。

【必备知识】

聚对苯二甲酸乙二醇酯的合成有三种方法，即酯交换法、直接酯化法和环氧乙烷法。这里只介绍直接酯化、连续聚合的聚酯生产过程。

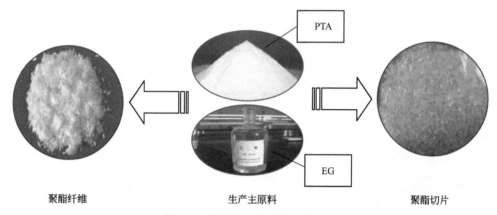

聚酯纤维　　　　　　　生产主原料　　　　　　　聚酯切片

图 3-5　聚酯生产原料及产品示意

一、聚酯制品展示

目前，纤维级聚酯和瓶级聚酯占领着全球市场，它们主要区别于相对分子质量、特性黏度、光学性能及生产配方等方面。常见的聚酯制品如图 3-6 所示。

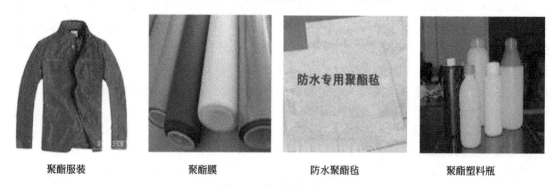

聚酯服装　　　　　　聚酯膜　　　　　　防水聚酯毡　　　　　　聚酯塑料瓶

图 3-6　聚酯制品展示

二、聚酯的性能及用途

1. 聚酯的性能

聚对苯二甲酸乙二醇酯是乳白色或浅黄色、高度结晶的聚合物，表面平滑有光泽。其优点是在室温下具有优良的物理机械性能，耐蠕变性、耐疲劳性、耐摩擦性、尺寸稳定性都很好；长期使用温度可达 120℃，尤其是电绝缘性优良，耐多种有机溶剂。缺点是冲击性能差，成型加工困难，吸湿性强，使用前常需干燥。

2. 聚酯的用途

聚酯按用途可分为纤维和非纤维两大类。非纤维类主要指薄膜、工程塑料、容器、充装饮料、食品等中空制品；也可用来制造绝缘材料、磁带带基、电影或照相胶片片基和真空包装等。因此，聚酯树脂被广泛应用于各个领域中。聚酯树脂的应用见表 3-3。

表 3-3　聚酯树脂的应用

应用领域	应用实例
纤维（长丝、短丝、工业丝）	服装、医用绷带、轮胎帘子线、工业滤布、建筑防水基材等
薄膜	包装、绝缘材料、带基等
瓶罐	饮料瓶（可乐、果汁、矿泉水瓶等），食品瓶（酱油瓶、醋瓶等），化妆品包装及洗涤用品包装瓶等
工程塑料	电子、电器、汽车等领域，如仪表壳、热风罩等

三、聚酯的生产工艺

1. 聚酯的生产原理

（1）单体的性质及来源

① 对苯二甲酸　对苯二甲酸是产量最大的二元羧酸，在常温下为白色晶体或粉末，无毒，易燃，若与空气混合，在一定的限度内遇火即燃烧甚至发生爆炸。不溶于水、乙醚、醋酸乙酯、二氯甲烷、甲苯、氯仿等大多数有机溶剂，可溶于强极性有机溶剂。

工业上，对苯二甲酸主要通过对二甲苯的氧化法而制得。

② 乙二醇　乙二醇是最简单的二元醇，是无色、无臭、有甜味的黏稠液体，挥发度极低，能与水、丙酮互溶，但在醚类中溶解度较小。

工业上，乙二醇主要通过环氧乙烷直接水合法而制得。

（2）生产原理　直接酯化法生产聚酯包括酯化和缩聚两个阶段。

① 酯化阶段　对苯二甲酸和乙二醇直接酯化，形成含有对苯二甲酸乙二醇酯和少量的短链低聚物的预聚体，同时生成副产物水。酯化反应式如下

$$HO-\overset{\overset{O}{\|}}{C}-\!\!\!\bigcirc\!\!\!-\overset{\overset{O}{\|}}{C}-OH + 2HO-CH_2CH_2OH \longrightarrow HO(CH_2)_2-O-\overset{\overset{O}{\|}}{C}-\!\!\!\bigcirc\!\!\!-\overset{\overset{O}{\|}}{C}-O(CH_2)_2OH + 2H_2O$$

由于对苯二甲酸仅能部分溶于乙二醇，酯化反应不是均相反应，只有酯化率和聚合度达到一定程度时，固态对苯二甲酸才能全部被溶解，才可视为均相反应。

② 缩聚反应　缩聚反应是聚酯合成过程中的链增长反应。通过这一反应，单体与单体、单体与低聚物、低聚物与低聚物将逐步缩聚成聚酯。聚合反应式如下

$$nHO-(CH_2)_2O-\overset{\overset{O}{\|}}{C}-\!\!\!\bigcirc\!\!\!-\overset{\overset{O}{\|}}{C}-O-(CH_2)_2OH \rightleftharpoons (n-1)HO-CH_2-CH_2-OH +$$

$$HO(CH_2)_2-O-\overset{\overset{O}{\|}}{C}-\!\!\!\bigcirc\!\!\!-\overset{\overset{O}{\|}}{C}-O-\!\!\left[CH_2-CH_2-O-\overset{\overset{O}{\|}}{C}-\!\!\!\bigcirc\!\!\!-\overset{\overset{O}{\|}}{C}-O\right]_{n-1}\!\!(CH_2)_2OH$$

缩聚的产物是高黏度的聚对苯二甲酸乙二醇酯熔体，为了提高熔体的热稳定性，可在缩聚釜中加入少量防热氧化降解的稳定剂。

2. 聚酯的生产特点

（1）生产分酯化、缩聚两个阶段　由于酯化和缩聚反应同时发生，很难划分酯化反应和缩聚反应的阶段，通常把正压下的反应阶段称为酯化反应，负压下的反应阶段称为缩聚反应。

（2）固相缩聚　用作瓶子和工业丝的高黏度聚对苯二甲酸乙二醇酯，一般是在真空或惰性气体气氛中，经进一步固相缩聚完成。

（3）消光剂　聚酯产品因其表面光滑，有一定的透明度，在光线的照射下，其反射光线的强度很大，使纤维发出刺眼的强烈光泽，影响所做面料的美观。为消除聚酯纤维的这种缺陷，可在纤维内添加少量折射率不同的物质，使光线向不同方向进行漫射，纤维的光泽就会变暗，这种添加的物质叫做消光剂。

常用的消光剂是二氧化钛（TiO_2）。根据聚合物内消光剂的含量可划分为超有光、有光、半消光和全消光等几种不同的品种。聚合物中不添加二氧化钛的为超有光；聚合物中二氧化钛含量在 0.1%（质量分数，下同）左右为有光；含量在 0.3%～0.5% 为半消光；含量在 1.0% 左右的为全消光。

（4）催化剂　对于缩聚反应，可以不用催化剂，但反应速率慢，并且得不到高分子聚合物，所以，在聚酯生产中加入一定量的催化剂，催化剂对缩聚反应的影响主要包括催化剂的种类和催化剂的浓度两方面。

研究表明，锑、锡和钛化合物是最具活性的缩聚催化剂，最常见的缩聚催化剂是锑系化合物，有三醋酸锑、三氧化锑和乙二醇锑，其中以三醋酸锑溶解性较好，配制成溶液后，在低于 60℃ 的情况下不析出，且催化速率适中，所得产品色相较好，被广泛使用。

（5）副反应　对苯二甲酸与乙二醇进行酯化和缩聚反应时，可能产生一些副反应。副反应主要是醚键的生成，两个乙二醇分子脱去一个水分子生成二甘醇（DEG）。

$$2HO-CH_2-CH_2-OH \longrightarrow HO-CH_2-CH_2-O-CH_2-CH_2-OH + H_2O$$

二甘醇在温度 200℃ 以下时，生成量是很少的，其速率随温度上升而急剧加快。二甘醇还可以继续与乙二醇反应生成三甘醇，当三甘醇生成量很低时，可忽略不计。

聚酯生产过程中，每个反应釜都会有二甘醇生成，其中第一酯化釜生成的二甘醇最多，约占总生成量的 75%。二甘醇对产品的影响主要有三个方面，使产品易于染色、能起到润滑剂的作用，增加熔体的流动性，使熔体易于加工。通常将其含量控制在一定范围内。

 【任务实施】

生产装置简介

主要任务：了解装置生产技术、生产能力及主要岗位

　　本装置采用德国吉玛公司直接酯化、连续聚合的聚酯生产技术。由对苯二甲酸和乙二醇经直接酯化和缩聚反应，在预聚釜、缩聚釜内在催化剂作用下，聚合反应生成聚对苯二甲酸乙二醇酯。目前，年生产能力为10万吨未增黏聚酯切片。

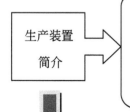

生产原料
及性质

主要任务：了解生产原材料及性质

　　对苯二甲酸：主原料，主要对粒径、金属、水分、色相、酸值、灰分及对甲基苯甲酸的含量有质量要求。

　　乙二醇：主原料，主要对密度、铁、色相、二甘醇及三甘醇含量有质量要求。

　　二氧化钛：消光剂，白色粉末，无毒，化学性质稳定。性能指标主要有粒度分布、溶液的分散性及金属杂质。

　　三醋酸锑：催化剂，白色、吸湿性结晶固体，有强烈的刺激性气味。在储存和使用过程中要防水、防潮、防长时间暴露在空气中。

产品
及用途

主要任务：了解主要产品及用途

　　聚酯装置产品为聚酯切片（含瓶级聚酯切片）和聚酯熔体。聚酯熔体作为短丝装置的原料进行直接纺，聚酯切片（含瓶级聚酯切片）作为直接产品出厂。

　　聚酯具有良好的物理、化学和力学性能，特别是力学性能、绝缘性、耐热性、耐化学性、耐磨性及后加工性能优异，使民用聚酯纤维的消耗量不断增长，同时在非纤维领域也得到进一步的拓展。目前，聚酯正在越来越多地取代金属、玻璃、陶瓷、纸张、木材和其他合成材料。

装置
主要构成

主要任务：了解本装置的主要构成

　　本装置生产线主要有浆料配制、酯化、预缩聚、终缩聚、真空系统、切片生产、热媒加热、催化剂和消光剂配制、过滤器清洗、公用工程等。

绘制装置
生产工艺
流程框图

主要任务：绘制出气相法生产聚丙烯工艺流程框图

绘制要点：(1)参照图1-6高聚物合成典型工艺过程；

　　　　　(2)分析聚酯生产工艺核心过程；

　　　　　(3)确定生产的主原料、催化剂及辅助原料；

　　　　　(4)了解产物后处理的基本方法；

　　　　　(5)考虑循环及回收过程。

子任务二　分析主要岗位工作任务

 【任务分析】

　　在熟悉生产装置的基础上，能分析每个主要生产岗位的任务及生产操作方法。

 【必备知识】

　　对苯二甲酸与乙二醇在酯化反应过程中不断脱出水，体系则由非均相向均相转化，溶液由浑浊趋向透明；由酯化向缩聚过渡中，体系逐渐增稠，并不断脱出乙二醇，最终生成较高黏度的聚对苯二甲酸乙二醇酯熔体。因此，在酯化过程中，处理好非均相悬浮物料的输送，不断脱出分离体系中的水；在缩聚过程中从高黏度物料中不断蒸发脱出乙二醇、聚对苯二甲酸乙二醇酯熔体在高真空下连续出料等是工艺处理和操作控制的关键。

一、影响酯化、缩聚反应的因素

1. 影响酯化反应的主要因素

酯化反应是合成聚对苯二甲酸乙二醇酯的第一步反应，影响因素主要有以下几个方面。

（1）原料摩尔比　原料乙二醇/对苯二甲酸摩尔比主要影响反应过程和产品的聚合度，与其他缩聚反应一样，只有乙二醇和对苯二甲酸在等物质的量配比条件下才能得到高聚合度的聚对苯二甲酸乙二醇酯。如果原料摩尔比值过低，浆料黏度大，反应慢而不匀，摩尔比高则意味着乙二醇浓度高，有利于提高反应速率，但另一方面，由于反应体系中羟基浓度增大，使副反应产物二甘醇生成量增加，而且还增加分离乙二醇的消耗，很不经济。通常原料摩尔比为（1.7~1.8）：1。

（2）温度　在原料摩尔比一定的条件下，提高反应温度则反应速率也随之增加，若要得到特性黏度较高的聚酯，酯化温度要高于240℃，否则酯化时间和缩聚时间都需延长，而且产品熔点低，色相较差。但提高反应温度，同时副反应速率也随之增快。对于串联反应器的温度分配，采用逐级升温方式，有利于减少副产物DEG的生成量和降低分离EG的能耗。

（3）压力　为维持适当的原料摩尔比，酯化反应通常在加压下进行，提高压力，反应速率加快，同时酯化物中副产物二甘醇的生成量也增加，要选择一个适宜的压力利于酯化。

（4）停留时间　停留时间是影响酯化率和产物质量的重要因素。酯化反应停留时间过短，则酯化不完全；酯化反应停留时间过长，则导致产品中二甘醇含量增加。一般当酯化物的酯化率达95%以上，酯化反应可视为完成。

2. 影响缩聚反应的主要因素

缩聚反应是对苯二甲酸乙二醇分子彼此缩合、不断释放出乙二醇分子而形成聚对苯二甲酸乙二醇酯的过程，它是逐步进行的。在反应体系中，单体很快消失而转变成各种不同聚合度的缩聚物，产物的聚合度随时间而逐渐增加。

（1）催化剂　催化剂加入量要适当，否则在纺丝过程中对热降解和热氧化降解也起到催化作用，导致生成凝胶，影响产品的性能。

（2）温度　缩聚反应一般是放热反应，升高温度对反应平衡不利，缩聚产物的最大平均聚合度也将会受到影响。但缩聚反应的热效应一般较小，而升高温度能增快反应速率，能促使反应更快趋向平衡，有利于小分子排除，所以在实际生产中采用逐渐升高温度的方法来缩减反应停留时间，温度一般控制在280~285℃。

（3）压力　缩聚反应一般在真空下进行，压力越低，即真空度越高，越有利于乙二醇的排除，因而反应速率也越快。但高真空在实际生产中夹带物也多，易堵塞管线。

（4）停留时间　在缩聚反应过程中，链增长和热降解反应同时进行。在反应初期，主要是链增长反应，单体或低聚物逐渐缩聚成大分子，黏度增长较快；随着反应的进行，大分子在高温下开始热降解，两种反应竞争结果使黏度存在最大值。

（5）反应程度　缩聚反应过程中，随着反应程度的增加，缩聚产物聚合度也相应增加。

（6）搅拌速率　在缩聚反应后期，体系的黏度很高，为加速生成的乙二醇扩散逸出，使平衡向有利于缩聚反应的方向移动，高真空和适宜的搅拌速率都是重要的保证因素。

3. 热媒

聚酯生产中的酯化反应为吸热反应，而缩聚反应虽是放热反应，但放热量很少，生产中也需要一定的热量进行保温。因此，酯化和缩聚的反应器、熔体管道、气相管道等均需要进行加热和保温，所需的热量是通过载热体（俗称热媒）来完成的。热媒主要有无机盐类、矿物油类、水蒸气和有机化合物四大类，各种类型使用时的相态、操作方法大不相同。常见的有机化合物中的加氢三联苯可作液相热媒，联苯-联苯醚可作气相热媒。

二、聚合反应设备

在聚合物生产中，聚合反应工序是最关键的过程，其设备是整个生产过程的核心设备。聚酯生产分成酯化和缩聚两个阶段，所采用的反应器结构也有所不同。

1. 酯化反应器

酯化反应器是一个全夹套带搅拌的立式反应器，反应器内有液相热媒加热盘管加热，夹套内是气相热媒保温。搅拌器采用上下两层共 10 个叶片的推进式搅拌器，物料通过搅拌器混合搅拌，其主要作用是对反应器内的物料进行加热、搅拌，并保持一定的压力，使对苯二甲酸浆料能够顺利地进行酯化反应。其结构如图 3-7 所示。

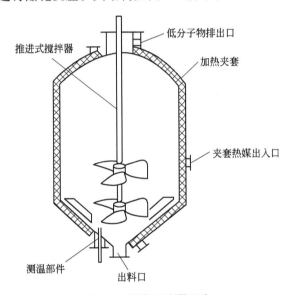

低分子物排出口

推进式搅拌器

加热夹套

夹套热媒出入口

测温部件　　出料口

图 3-7　酯化反应器示意

2. 预缩聚反应器

结构与酯化反应器相同，但由于反应是在真空条件下进行的，受真空变化的影响，物料在进入反应器后呈沸腾状态，因此该反应器不需搅拌，而是靠物料自身沸腾进行混合，从而使反应均匀进行。反应器内酯化反应和缩聚反应是同时进行的。其主要作用是对反应器内的物料进行加热，依靠物料自身沸腾进行混合，并保持一定的真空度，使物料能够顺利进行缩聚反应。

3. 缩聚反应器

缩聚反应器是一个全夹套卧式单轴环盘反应器，采用了分室的环盘结构。室与室之间有挡板，挡板上相应部位开有让物料流通的斜弦孔，前三块挡板上设有加热夹套。物料从底部进入反应器，入口处设有盘管加热，物料一进入反应器就能够吸收热量迅速蒸发，物料在反应器内由入口向出口流动总体是呈活塞流，在每一块环盘附近，由于环盘的圆周运动，物料被盘面拉起离开液面，随即在重力作用下逐渐破碎落下，从而增大了物料的蒸发面积，有利于乙二醇的蒸发，从而加快了缩聚反应的进行。

圆盘反应器的搅拌轴一端支撑在反应器前端盖上，另一端支撑在圆盘反应器的内部。其结构如图 3-8 所示。其主要作用是对反应器内的物料进行加热、搅拌，并保持一定的真空度，使物料能够顺利地进行缩聚反应。

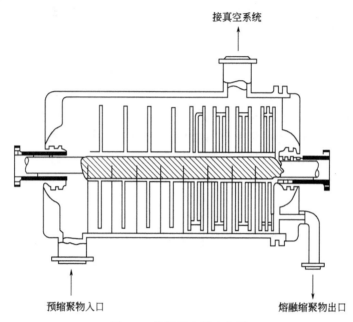

图 3-8　缩聚反应器示意图

三、合成纤维的后处理过程

经聚合后分离得到的聚酯熔体通常依据其黏度和目标产品的要求而选择后加工方式，一般有直接纺丝（简称直纺）、切粒成切片后熔融纺丝（简称熔纺）、切片固相增黏等。

1. 熔体直纺和切片熔纺

切片熔纺主要包括切片干燥、熔融、纺丝及后加工等过程，熔体直纺原料是高聚物的熔体，后加工过程与切片熔纺完全相同。工艺流程如图 3-9 所示。

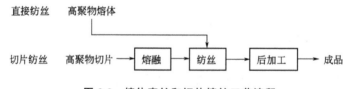

图 3-9　熔体直纺和切片熔纺工艺流程

2. 切片固相增黏

熔融缩聚得到的聚酯原料，相对分子质量还达不到某些特殊领域的要求，必须对其切片进行固相缩聚。固相缩聚是聚酯颗粒在保持固相、低于熔点温度、高真空条件和催化剂作用下进行的缩聚反应，以达到增黏、脱醛和提高结晶度的目的，所得到的瓶级高黏树脂降解小、色泽好。固相缩聚的聚酯增黏过程可分为原料切片预结晶、固相缩聚和产物冷却三个基本工序。

【任务实施】

催化剂
配制

主要任务： 负责为聚合单元提供催化剂。

操作要点： (1)间歇操作。

(2)按配制浓度在配制槽通过流量计计量加入乙二醇，启动搅拌器。

(3)加入催化剂，用蒸汽加热，混合搅拌，使三醋酸锑充分溶解于乙二醇中，配制成溶液，经过滤器滤去可能带进的固体杂质，供给反应系统使用。

消光剂
配制

主要任务： 负责为聚合单元提供消光剂。

操作要点： (1)间歇操作。

(2)在消光剂配制槽加入，计量加入新鲜乙二醇，配液，研磨。

(3)二氧化钛悬浮液打入离心机中进行离心分离，除掉未分散开的大颗粒，经过滤器压送至供料槽，由计量泵供生产线使用。

浆料
配制

主要任务： 负责为酯化反应单元提供原料。

操作要点： (1)连续操作。

(2)对苯二甲酸用氮气输送至聚合装置的料仓。

(3)定量将对苯二甲酸加入到浆料配制槽，将配制好的催化剂溶液和乙二醇定量喷淋加入到浆料配制槽，在搅拌器的作用下，充分混合均匀、配制浆料。

(4)配制好浆料用浆料泵送进第一酯化反应器,自动调节液位。

酯化
反应

主要任务： 负责为预缩聚反应单元提供原料。

操作要点： (1)两个酯化反应器。

(2)浆料由第一酯化反应器顶部进入，通过搅拌器混合搅拌和热媒盘管进行加热， 在一定温度下进行反应，反应后物料由第一酯化反应器的底部从侧面进入第二酯化反应器。

(3)在第二酯化反应器，依靠搅拌和热媒盘管进行加热，物料由内室流入反应器外室， 在一定温度下继续进行酯化反应，消光剂通过计量泵从反应器上部加入。

(4)第一、二酯化反应生成的水和蒸发的乙二醇共同进入工艺塔进行精馏分离。塔釜液乙二醇送浆料配制。

预缩聚

主要任务： 负责为终缩聚反应单元提供原料。

操作要点： (1)预缩聚分两段进行。

(2)酯化产物借压差进入第一预缩聚反应器内室，通过热媒盘管进行加热，然后再从内室进入反应器外室，使酯化物在一定温度、压力下进行预缩聚反应。

(3)反应器内酯化、缩聚两种反应同时进行。

(4)由第一预缩聚反应器出来的物料借位差和压差从底部进入第二预缩聚反应器,继续进行反应，预缩聚物料酯化率达到约99.5%左右。

(5)采用乙二醇蒸汽喷射器使第二预缩聚反应器内产生真空。

主要任务： 负责为切片单元提供原料。

操作要点： (1)预聚物由底部进入圆盘反应器，在一定温度、压力下完成终缩聚反应，使物料的特性黏度提高，聚合物酯化率达到99.8%左右。

　　(2)聚合物熔体由熔体出料泵排出，经熔体过滤器送去切粒。

主要任务： 负责完成熔体的切粒、包装。

操作要点： (1)聚合物熔体经熔体泵升压，经熔体过滤器过滤后，经熔体分配阀，其中部分去短丝装置直接纺丝，其余则去切粒系统切粒。

　　(2)熔体进入水下切粒机的导流板，用脱盐水喷淋冷却，使熔体在半固化状态下切粒，并被水进一步冷却及固化，当切片冲至切片干燥器的水分离器时，除去大部分水分，然后再由风机进一步吹除切片表面水分，使切片含水量达合格。

子任务三　识读聚酯装置的生产工艺流程图

【任务分析】

　　在了解聚酯装置生产每个单元的岗位任务及操作要点的基础上，识读聚酯装置的生产工艺流程图，能准确描述物料走向。聚酯装置生产工艺流程图如图 3-10 所示。

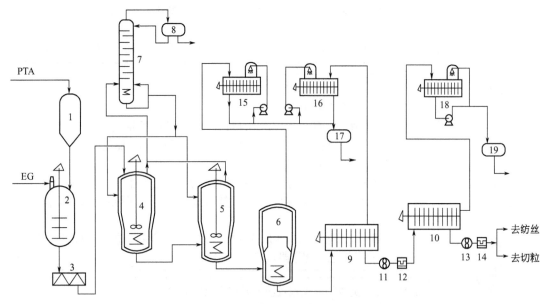

图 3-10　聚酯装置聚合工段生产工艺流程图

1—PTA料仓；2—PTA浆料配置槽；3—PTA浆料输送泵；4—酯化Ⅰ反应器；5—酯化Ⅱ反应器；
6—预缩聚Ⅰ反应器；7—工艺塔；8—脱盐水槽；9—预缩聚Ⅱ反应器；10—终缩聚反应器；
11—预聚物泵；12—预聚物熔体过滤器；13—终聚物熔体泵；14—终聚物熔体过滤器；
15,16,18—刮板冷凝器；17,19—乙二醇储罐

【任务实施】

　　识读工艺流程图：

原料配制	对苯二甲酸(PTA)与乙二醇(EG):1→2→3→4
酯化反应	4→5
预缩聚反应	6→9→11→12
终缩聚反应	12→10→13→14
乙二醇回收	4、5→7;6→15→16→17;10→18→19

子任务四　主要岗位的开、停车及事故处理

【任务分析】

进行装置正常开、停车及异常情况处理操作的初步训练。

【任务实施】

训练项目	操作内容
浆料配制	(1)控制条件:搅拌器电流 (2)相关参数:原料配比、PTA平均粒径 (3)调节方式:手动调节浆料配制罐搅拌器电流 (4)异常调节:配制罐液面高——适当降低PTA、EG及催化剂进料量 配制罐液面低——降低负荷;检查进料故障;适当提高PTA、EG及催化剂进料量
酯化釜	(1)控制条件:酯化釜温度 (2)相关参数:热媒加热泵出口温度、负荷变化 (3)调节方式:手动调节或自动串级控制 (4)异常调节:釜温高——调整负荷变化速率,平稳降低负荷 釜温低——打开旁通阀,必要时启动备台泵;调整负荷变化速率,平稳提高负荷 釜压高——疏通引压管;调节阀调节功能恢复正常 釜压低——观察是否有夹带物堵塞工艺塔;清理积液 釜液位高——关闭故障泵出口手阀,停故障泵,出料量不够时,关闭回流阀 釜液位低——疏通引压管
工艺塔	(1)控制条件:工艺塔底温度 (2)相关参数:塔底加热泵出口温度、塔顶回流量、酯化釜乙二醇气体蒸发量 (3)调节方式:手动调节或自动调节 (4)异常调节:降液管堵塞——停车拆塔清理 液泛——减少乙二醇蒸气出口阀的阀位;降低塔底温度;提高塔顶回流量 泄漏——增加乙二醇蒸气出口阀的阀位;提高塔底温度;降低塔顶回流量 塔底泵流量不足——切换至备台泵;清理泵前过滤器;关闭泵出口阀,停泵,清理疏通入口管线
预聚釜Ⅰ	(1)控制条件:预聚釜出口压力 (2)相关参数:负荷变化、预聚釜搅拌电流 (3)调节方式:手动调节或自动调节 (4)异常调节:真空度破坏——置换液环泵介质或切换液环泵;疏通 釜液位——调整负荷变化速率,平稳提高负荷;调节真空度 釜温——调整负荷变化速率,平稳提高负荷;打开旁通阀,必要时启动备台泵
预聚釜Ⅱ	(1)控制条件:搅拌电流 (2)相关参数:预聚釜温度、压力、液位及入口物料黏度等 (3)调节方式:手动调节或自动调节 (4)异常调节:真空度破坏——置换液环泵介质或切换液环泵;疏通 釜液位——调整负荷变化速率,平稳提高负荷;调节真空度 釜温——调整负荷变化速率,平稳提高负荷;打开旁通阀,必要时启动备台泵
终聚釜	与预聚釜Ⅱ相同

【综合评价】

对于任务二的综合评价见表 3-4。

表 3-4　项目评价表

评价项目	评价要点
绘制工艺流程框图	能反映出主要生产岗位
	能体现出主要物料走向
分析主要岗位生产任务	能指出聚酯生产主要岗位名称及岗位任务
	能掌握主要岗位的操作要点及主要设备结构特征
识读生产工艺流程图	能描述生产装置的主要物料走向
	能识读整体工艺流程
装置实际操作训练	能指出装置的开、停车操作训练任务
	能分析开、停车操作要点

【任务拓展】

查阅资料了解伊文达工艺生产聚酯的方法。

学习情境四

高聚物的化学反应技术

任务 办公用胶水的生产

107 胶，学名为聚乙烯醇缩甲醛胶黏剂，是以水为介质的溶液或乳液形成的胶黏剂。由于 107 胶具有不起燃、价格较低、使用方便等特点，经常作为办公室胶水使用。聚乙烯醇缩甲醛胶黏剂的生产原料及产品见图 4-1。

生产原料 胶水

图 4-1 胶水原料及产品示意

【任务介绍】

以聚乙烯醇和甲醛为原料，选择合适的催化剂、其他试剂及生产设备，确定配料比，在给定的时间内，生产出符合要求的聚乙烯醇缩甲醛胶水。

产品质量要求：无色透明、黏结性强。

【任务分析】

聚乙烯醇缩甲醛反应属于高聚物的化学反应，一般采用溶液聚合的工业实施方法来实现产品的生产，通过控制缩醛度调节黏度，可以适用于不同场合的需要。

【必备知识】

一、聚乙烯醇缩甲醛胶水制品展示

聚乙烯醇缩甲醛胶水是一种无色或微黄的黏稠液体，可单独使用，作为书刊装订胶用，建筑装修可用来粘贴壁纸和塑料地板；可作为外墙涂料单独使用，也可与白水泥或者水泥砂浆混合配制成聚合物水泥砂浆使用。可用来粘贴瓷砖，特别是墙面不平时，可用来抹平。聚乙烯醇缩甲醛胶水制品展示见图 4-2。

图 4-2　聚乙烯醇缩甲醛胶水制品展示

二、聚乙烯醇缩甲醛的性能及用途

1. 聚乙烯醇缩甲醛的性能

聚乙烯醇缩甲醛随缩醛化程度的不同，性质和用途各有所不同。它能溶于甲酸、醋酸、二氧六环、氯化烃（二氯乙烷、氯仿、二氯甲烷）、乙醇-苯混合物（30：70）、乙醇-甲苯混合物（40：60）以及 60％的含水乙醇等，具有良好的粘接性、耐水性、耐油性、耐酸性、而碱性、电气绝缘性。

2. 聚乙烯醇缩甲醛的用途

聚乙烯醇缩甲醛应用于各个领域中，具体用途见表 4-1。

表 4-1　聚乙烯醇缩甲醛的用途

应用领域	应用实例	应用领域	应用实例
建筑	涂料、胶黏剂等	办公用品	胶水、装订胶等
纺织	维尼纶纤维；主要用来制作衣服，也可用于制造各种缆绳，帆布，农用防风防寒纱布、缆绳、渔网、包装材料和过滤材料等	其他	发泡剂、研磨材料、胶黏剂、电气绝缘材料等

三、聚乙烯醇缩甲醛的生产工艺

1. 聚乙烯醇缩甲醛的生产原理

（1）单体的性质及来源　聚乙烯醇是一种水溶性高聚物，具有良好的溶解性和黏度，白色片状、絮状或粉末状固体，无味。溶于水，不溶于汽油、煤油、植物油、苯、甲苯、二氯乙烷、四氯化碳、丙酮、醋酸乙酯、甲醇、乙二醇等，微溶于二甲基亚砜，是重要的化工原料。

工业上应用的聚乙烯醇是通过高分子化学反应由聚醋酸乙烯酯醇解而得到。醇解反应可以在酸性或碱性介质中进行。

甲醛的性质及来源参照情境三中的任务一。

（2）生产原理　聚乙烯醇缩甲醛是利用聚乙烯醇与甲醛在盐酸催化的作用下而制得的，其反应如下

$$\sim\!\!CH_2\!\!-\!\!CH\!\!-\!\!CH_2\!\!-\!\!CH\!\!\sim + HCHO \xrightarrow{H^+} \sim\!\!CH_2\!\!-\!\!CH\!\!-\!\!CH_2\!\!-\!\!CH\!\!\sim + H_2O$$

2. 聚乙烯醇缩甲醛的生产特点

由于概率效应，聚乙烯醇中邻近羟基成环后，中间往往会夹着一些无法成环的孤立的羟基，因此缩醛化反应不能完全。为了定量表示缩醛化的程度，定义已缩合的羟基量占原始羟基量的百分数为缩醛度。

合成水溶性聚乙烯醇缩甲醛胶水，反应过程中必须控制较低的缩醛度，使产物保持水溶性。如反应过于猛烈，则会造成局部高缩醛度，导致不溶性物质存在于水中，影响胶水质量。因此在反应过程中，特别要注意严格控制催化剂用量、反应温度、反应时间及反应物比例等因素。

3. 聚乙烯醇缩甲醛的生产工序

聚乙烯醇缩甲醛胶水的生产一般采取水溶液聚合，聚乙烯醇的醇解度一般在 1700～1800。如图 4-3 所示的为聚乙烯醇缩甲醛胶水的生产流程框图。

4. 聚乙烯醇缩甲醛的生产控制因素

聚乙烯醇缩甲醛的缩醛度影响产品黏度，因此反应过程中，特别要注意严格控制催化剂用量、反应温度、反应时间及反应物比例等因素。

（1）催化剂的用量　聚乙烯醇缩甲醛的水溶液反应使用盐酸作催化剂，盐酸的用量对反应速率、产品的缩醛度都有影响，若盐酸的用量过多，反应速率过快，缩醛度过高，易成固体；反之，盐酸的用量过少，反应速率过慢，缩醛度过低，粘接强度不够。

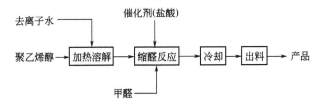

图 4-3　聚乙烯醇缩甲醛的生产流程示意

（2）反应温度　反应温度高，反应速率加快。反应温度过高，反应速率过快，容易导致缩醛度过高；还易发生副反应，影响产品质量。

（3）反应时间　反应时间延长，有利于反应的完全。但反应时间过长，会导致缩醛度过高，还会导致副反应的发生，也会影响胶水的质量。

（4）反应物比例　聚乙烯醇和甲醛的比例，对产品的质量影响很大，如甲醛过多，会导致缩醛度过高，产品凝结成凝胶状；甲醛过少，黏度低，粘接强度不够。

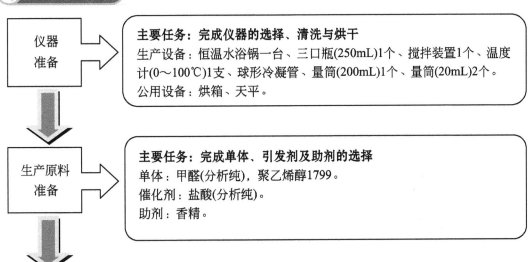

聚乙烯醇溶解 ➡

主要任务：将聚乙烯醇溶解成透明均一的溶液

　　在装有搅拌器及回流冷凝管的250mL三口瓶中，加入90mL去离子水及9g聚乙烯醇，升温至90℃左右使其完全溶解。

缩醛化反应 ➡

主要任务：完成胶水的制备

　　待聚乙烯醇完全溶解后，向体系中滴加盐酸，测其pH值为2～3，充分搅拌10min，然后开始滴加5g 36%的甲醛溶液，时间为20min。保持反应温度在90℃左右，继续搅拌，反应体系逐渐变稠，当体系中出现气泡或者有絮状物产生，立即迅速加入10%NaOH溶液，调节体系的pH值为7～8，再加入35mL去离子水，加入香精，调节气味，然后冷却降温出料，获得无色透明黏稠的液体。

【归纳总结】

(1) 仪器、设备需要预先干燥。

(2) 二次水的加入时间控制要点：出现气泡或絮凝物马上加入。

(3) 反应温度的控制。

(4) 催化剂的加入：控制 pH 值。

(5) 游离甲醛含量的控制：甲醛的加入量及反应条件。

【综合评价】

对于任务一的综合评价见表 4-2。

表 4-2　聚乙烯醇缩甲醛胶水的生产项目评价表

评价项目	评价要点
产品质量	无色或微黄黏稠液体
	有适合的粘接强度
原料配比	单体量、催化剂量及其他助剂量
生产过程控制能力	温度控制范围
	反应时间控制
	缩醛度控制
	二次水的加入
事故分析和处理能力	是否出现生产事故及处理方法
	生产事故处理方法

【趣味项目】

固体胶水的制备。

【任务拓展】

以聚乙烯醇和丁醛为单体进行反应，生产结构胶黏剂。

功能高分子的合成技术

任务 高吸水性高分子材料的生产

功能性高分子材料的研制和开发是高分子产品的一个重要的发展方向，这是由于功能性高分子材料具有独特的优良性能，极易在竞争中占领市场，高吸水性树脂就是其中的一种。高吸水性树脂的生产原料及产品见图 5-1。

【任务介绍】

以丙烯酸、氢氧化钠为原料，选择合适的引发剂、其他试剂及生产设备，确定配料比，在给定的时间内，生产出符合要求的高吸水性树脂。

产品质量要求：白色颗粒、吸水率 600g/g 以上。

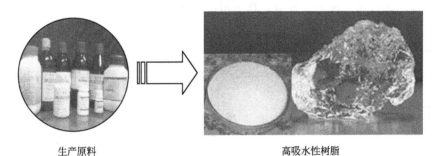

生产原料   高吸水性树脂

图 5-1　高吸水性树脂原料及产品示意

【任务分析】

聚丙烯酸钠类高吸水性树脂的聚合遵循自由基聚合反应机理，可以选择溶液聚合、悬浮聚合等工业实施方法来实现产品的生产，根据原料及产品的用途来选择。本次生产任务是生产颗粒状聚丙烯酸钠高吸水性树脂，应选择反向悬浮聚合来实现。

【必备知识】

一、高吸水性树脂制品展示

高吸水性树脂简写为 SAP。它是一种含有羧基、羟基等强亲水性基团并具有一定交联度的水溶胀型高分子聚合物，不溶于水也不溶于有机溶剂，能够吸收自身重量几百倍甚至上千倍的水，在工业、农业、林业、卫生用品等领域中得到广泛应用。高吸水性树脂制品展示见图 5-2。

婴儿纸尿裤

无土盆栽

农业用保水剂

化妆品添加剂

图 5-2　高吸水性树脂制品展示

二、高吸水性树脂的性能及用途

1. 高吸水性树脂的性能

高吸水性树脂的吸水作用是通过弱的化学键结合而完成的。因此，它的分子结构中都含有大量的亲水基团如羧基、羟基、酰胺基、醚基等，使高吸水性树脂具有高吸水性，一般高吸水性树脂吸水量可达自重的几百倍到上千倍左右，并且吸水速率很快，在几分钟内就能吸收自重百倍的水分，但对盐、碱和酸的吸收能力较差；高吸水性树脂吸水后，形成的凝胶需具有一定的强度，维持良好的保水性和加工性能；高吸水性树脂受光、热作用稳定性好，易储存；高吸水性树脂还具有吸氨性、扩散性、安全性、相溶性等特殊性能；一般高吸水性树脂可以重复利用。

2. 高吸水性树脂的用途

高吸水性树脂应用于各个领域中，具体用途见表 5-1。

表 5-1　高吸水性树脂的用途

应用领域	应用实例	应用领域	应用实例
农业	土壤改良剂、保水剂等	医学卫生用品	敷贴膏、绷带、创可贴、婴儿纸尿裤、妇女卫生巾等
建筑	止水材料、泥浆固化剂、密封材料等	日常	儿童玩具、固体芳香剂等
工业	脱水剂、增稠剂等	其他	蔬果保鲜剂、化妆品添加剂等

三、高吸水性树脂的生产工艺

1. 高吸水性树脂的生产原理

（1）单体的性质及来源　丙烯酸的化学式为 $C_3H_4O_2$，它最简单的不饱和羧酸，由一个乙烯基和一个羧基组成。纯的丙烯酸是无色澄清液体，带有特征的刺激性气味，低毒，有腐蚀性。对光敏感，能发烟，它可与水、醇、醚和氯仿互溶。在氧存在下极易聚合，常加入一定量阻聚剂作稳定剂。

丙烯酸的生产经历了氯乙醇法、氰乙醇法、高压 Reppe 法、烯酮法、丙烯腈水解法、丙烯直接氧化法，其中丙烯氧化法生产丙烯酸占有主导地位。

（2）生产原理　聚丙烯酸钠类高吸水性树脂采用反相悬浮聚合，按自由基聚合反应进行。聚合反应式如下

$$n CH_2{=}CH \longrightarrow \left[CH_2{-}CH \right]_n$$
$$\underset{\text{COONa}}{\qquad} \qquad\qquad \underset{\text{COONa}}{\qquad}$$

2. 高吸水性树脂的生产特点

聚丙烯酸钠类高吸水性树脂采用反向悬浮聚合，反相悬浮聚合是将水溶性单体在有机溶剂中分散成细小液滴并进行聚合反应的技术，其显著特征是：体系中的液滴是油包水的。与正相悬浮聚合相比，反相悬浮聚合相当于将内相与外相进行了交换，体系中主要包括水溶性单体、水、油溶性分散剂、非极性有机溶剂、引发剂等。

3. 高吸水性树脂的生产工序

反相悬浮聚合是近十年发展起来的实现水溶性球状聚合物工业化生产的理想方法，与其他聚合方法相比，具有以下突出的优点：对设备和工艺要求简单，反应条件温和，体系黏度低，易于移出反应热，副反应少，溶剂可直接蒸馏回收，没有废水和环境污染等。图 5-3 所示为聚丙烯酸钠类高吸水性树脂的生产流程框图。

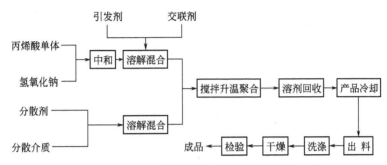

图 5-3　聚丙烯酸钠类高吸水性树脂的生产示意

4. 高吸水性树脂生产控制因素

反向悬浮聚合反应条件温和，体系黏度低，易于移出反应热，但反应条件会影响吸水率及其他性能，而且反应控制不当，易发生黏结结块甚至爆聚，因此，在生产过程中，要严格控制温度、引发剂用量、水油比、交联剂用量、中和度、反应时间等。

（1）水油比（单体与分散介质的质量比）　水油比（单体与分散介质的质量比）的变化主要影响反应的散热情况和聚合物相对分子质量的大小，也影响生产效率和后干燥处理。水油比大，聚合反应速率慢，聚合物相对分子质量小，甚至溶于水，故吸水率较低。而且由于水油比大，生产效率低，同时也给后面的干燥工序增加负担。水油比小，由于聚合过程中散热困难，产生副交联，而使吸水率降低。

（2）交联剂用量　高吸水性树脂是三维立体网状结构，当交联剂用量太少时，聚合物未能形成网络结构，宏观上表现为水溶性。随着交联剂用量的增加，分子链网状逐渐形成，故吸水率逐渐上升。交联剂用量过多，聚合物网络结构中的交联点增多，交联点之间的网链变短，网络结构中的微孔变小，吸水率反而下降。

（3）引发剂用量　引发剂的用量不仅影响反应速率、转化率、相对分子质量的大小，而且会影响到反应是否会发生爆聚。引发剂用量较小时，反应活性中心少，反应速率慢，甚至不反应，导致转化率及交联均匀度低，吸水率也低。而且由于引发剂少，引发反应困难，诱导期相对较长，造成反应积累到一定程度突然快速反应，产生爆聚。引发剂用量太多，反应活性中心多，反应速率快，反应转化率也较高，但会增加大分子自由基终止的机会，使相对分子质量下降，甚至会出现水溶性，吸水率降低。而且反应速率快，产生的大量反应热不易及时散失，容易导致反应产生爆聚。

（4）反应温度　反应温度主要影响聚合反应速率，同时也影响聚合物的相对分子质量、交联密度和反应是否出现爆聚。反应温度低时，反应速率慢，反应所需的时间长，生产效率低，而且因为温度低，引发剂分解速率慢，引发诱导期时间长，反应积累到一定阶段会突然爆聚，且交联度低，不能使聚合物形成有效的立体网状结构，吸水率较低；反应温度升高，体系黏度下降，单体易于分散，而且有利于引发剂的分解，单体转化率高，吸水率增加；但温度过高，聚合物相对分子质量小且分布不均匀，体系热难以散去，造成局部产物自交联，吸水率也会降低；并且温度过高，引发剂分解速率快，反应速率较快，生产的反应热散失困难，容易产生爆聚。

（5）中和度　丙烯酸的中和度直接影响到树脂分子链上的亲水基团的数目多少，从而影响到聚合物的吸水能力。中和度低，体系酸性大，聚合速率快，易引起爆聚，产生酸酐副交联且聚合物分子链上的—COOH 基电离程度低，分子链及网络在吸水时呈收缩状态，产生渗透压和亲和力均小，吸水率小。随着中和度的增加，分子链上电离的—COO—基增加，由于—COO—基的排斥作用，分子链伸直，网格膨胀，同时产生的亲和力增强，渗透压增大，吸水率增加。中和度过高，网格结构上的离子浓度较大，水分子和离子之间的氢键既多又强，由于氢键具有方向性，用氢键结合的水分子在空间上有一定的取向，相邻的氢键彼此干扰排斥，此外，相邻的带电羧基基团亦相互排斥，限制分子链的自由运动，使聚合物的微孔不能充分发挥其储水能力，导致聚合物的吸水率较低。

（6）反应时间　延长反应时间可以增加聚合程度。但反应到一定程度，反应趋于平衡，达到稳态聚合阶段，生成速率与消失速率相等，构成了动态平衡，即不受反应时间长短的影响，反应时间过长，会造成树脂降解，相对分子质量变小，降低吸水率。

 【任务实施】

 仪器准备

主要任务：完成仪器的选择、清洗与烘干
生产设备：恒温水浴锅一台、三口瓶(250mL)1个、搅拌装置1个温度计 (0～100℃) 1支、球形冷凝管、烧杯(1000mL)1个、烧杯(100mL)1个、量筒(20mL)1个、量筒(100mL)1个。
公用设备：烘箱、天平。

 生产原料准备

主要任务：完成单体、引发剂及助剂的选择
单体：丙烯酸(分析纯)，氢氧化钠(分析纯)。
引发剂：过硫酸钾(分析纯)，或过硫酸铵(分析纯)。
分散剂：Span-60(山梨聚糖单脂肪酸酯，分析纯)。
分散介质：环己烷(分析纯)。
助剂：交联剂(N,N-亚甲基双丙烯酰胺，分析纯)。

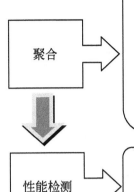

主要任务：完成聚丙烯酸钠类高吸水性树脂的制备

在装有搅拌器、回流冷凝器、温度计的三口瓶中加入分散剂0.8g和一定量的环己烷，加热到45℃，搅拌30min使分散剂充分溶解。称取一定量丙烯酸用浓度为7.5mol/L的氢氧化钠溶液中和至70%～80%中和度，冷却后依次加入定量的引发剂和交联剂。将其搅拌混合均匀，充分溶解后加入三口瓶，升温72℃搅拌反应1.5h左右，将反应混合物冷却、抽滤、真空干燥后，进行性能的测定。

性能检测

主要任务：测试产品的吸水率

吸水率是指1g高吸水性树脂所吸收去离子水的质量(单位g/g)。

【归纳总结】

（1）仪器、设备需要预先干燥。

（2）分散剂的溶解：透明、均一。

（3）聚合温度的控制：取决于引发剂的分解温度。

（4）搅拌控制：搅拌速率大小。

【综合评价】

对于任务一的综合评价见表5-2。

表 5-2　高吸水性树脂的生产项目评价表

评价项目	评价要点
产品质量	白色颗粒,不黏结
	吸水率 600g/g 以上
原料配比	单体量、引发剂量及其他助剂量
生产过程控制能力	温度控制范围
	颗粒大小控制
	聚合反应时间控制
事故分析和处理能力	是否出现生产事故及处理方法
	生产事故处理方法

【趣味项目】

（1）制作固体芳香剂。

（2）制作彩色无土栽培盆栽。

【任务拓展】

（1）制备淀粉接枝丙烯酸高吸水性树脂。

（2）制备纤维素接枝丙烯酸高吸水性树脂。

参 考 文 献

[1] 潘祖仁. 高分子化学. 第 5 版. 北京：化学工业出版社，2011.
[2] 胡学贵. 高分子化学及工艺学. 北京：化学工业出版社，1991.
[3] 赵德仁. 高聚物合成工艺学. 北京：化学工业出版社，1995.
[4] 侯文顺. 高聚物生产技术. 北京：化学工业出版社，2004.
[5] 黄志明等. 聚氯乙烯工艺技术. 北京：化学工业出版社，2008.
[6] 张晓黎. 高聚物产品生产技术. 北京：化学工业出版社，2010.
[7] 韦军. 高分子合成工艺学. 上海：华东理工大学出版社，2011.
[8] 中国石油化工集团公司人事部，中国石油天然气集团公司人事服务中心. 聚酯装置操作工. 北京：中国石化出版社，2007.
[9] 薛叙明，张立新. 高分子化工概论. 北京：化学工业出版社，2011.
[10] 李克友，张菊华等. 高分子合成原理及工艺学. 北京：科学出版社，1999.